21世纪高等院校艺术设计系列实用规划教材

Photoshop/CorelDRAW
服装设计创意表现

崔建成　李艳艳　著

北京大学出版社

PEKING UNIVERSITY PRESS

内 容 简 介

本书全面、系统地讲解了 Photoshop CS6、CorelDRAW X6 两大平面设计软件在服装款式及服装辅助产品设计中的使用技巧。在讲解每一类案例时，首先呈现本类作品的实际效果，然后给出详尽的分解过程，既强调利用命令进行创作的方法，又注重进行实际创作的技巧，力求通过丰富的实例讲解，给读者提供一个有针对性、实用性和可操作性的学习过程。

本书包括 7 章，分别从服装产品的面料、服饰的色彩、服饰的图案、服装平面款式图、服饰设计的局部细节、完整的服装效果图以及不同风格服装画的设计 7 个方面展开，将服装产品的艺术设计与 Photoshop CS6、CorelDRAW X6 的软件运用完美结合，力求找到艺术与技术的切入点。

本书由在一线从事电脑美术教学的教师与服装设计行业内的设计师共同编写，在制作案例的讲解过程中，吸纳了诸多一线设计师的经验，既可作为高等院校服装设计等相关专业的教材，也可作为社会培训机构的专业培训教程，还可供服装设计爱好者自学参考。

图书在版编目 (CIP) 数据

Photoshop/CorelDRAW 服装设计创意表现 / 崔建成，李艳艳著. — 北京：北京大学出版社，2016.1
（21 世纪高等院校艺术设计系列实用规划教材）

ISBN 978-7-301-26491-1

Ⅰ. ①P… Ⅱ. ①崔… ②李… Ⅲ. ①服装设计—计算机辅助设计—高等学校—教材 Ⅳ. ① TS941.26

中国版本图书馆 CIP 数据核字 (2015) 第 262313 号

书　　　名	Photoshop/CorelDRAW 服装设计创意表现
著作责任者	崔建成　李艳艳　著
策 划 编 辑	李瑞芳
责 任 编 辑	李瑞芳
标 准 书 号	ISBN 978-7-301-26491-1
出 版 发 行	北京大学出版社
地　　　址	北京市海淀区成府路 205 号　100871
网　　　址	http://www.pup.cn　　新浪微博：@ 北京大学出版社
电 子 信 箱	pup_6@163.com
电　　　话	邮购部 010- 62752015　发行部 010-62750672　编辑部 010-62750667
印 刷 者	北京宏伟双华印刷有限公司
经 销 者	新华书店
	787 毫米 ×1092 毫米　16 开本　10 印张　200 千字
	2016 年 1 月第 1 版　2021 年 7 月第 5 次印刷
定　　　价	49.00 元

前　言

　　中国现代服装企业经过多年的发展，已经成为国民经济的支柱产业之一，其中服装产品设计对服装企业的发展越来越重要。在激烈的市场竞争中，服装产品设计所面临的任务更加复杂，这就需要借助一系列软件来完成复杂的服装产品设计工作，从而使服装产品设计更加规范，以便适应现代服装产业发展的要求。

　　目前国内已出版的利用计算机软件辅助服装设计的教材，大多数仅从服装产品设计的某一个方面讲述软件的使用，或从平面款式设计、面料的设计，或从服装效果图的后期处理等方面进行讲述，缺乏必要的操作步骤，缺乏对服装产品设计更深层次的、更全面的辅助作用。针对这一状况，作者总结多年的服装产品设计实战经验，结合对 Photoshop CS6、CorelDRAW X6 的熟练运用技巧，详细讲解在实际的服装产品设计过程中，应如何运用软件，才能使设计工作更加有序，而且提高效率。

　　为了利于读者对本书的理解，各章节的案例解析，针对同一课题的案例，始终坚持两款软件相互交叉运用，使读者能够充分认识二者在不同设计方向中各自的特点，这是本书的一大特色，充分展示了 Photoshop CS6、CorelDRAW X6 对服装产品设计一系列环节的辅助应用。另外，本书第四章、第五章和第六章的个别内容结合了"互联网+"的教学内容，读者可以通过扫二维码进行在线学习。

　　本书由青岛科技大学崔建成、李艳艳著。在有限的时间内，编写工作难以达到尽善尽美，且服装行业日新月异，时尚潮流瞬息万变，书中所提供的专业信息和案例分析受到时间和时代的局限，难免会有偏颇和欠缺，恳请广大读者给予指正。

作　者

2015 年 12 月

序

　　本书由青岛科技大学艺术学院的崔建成、李艳艳两位老师合作完成。此前，他们编写的《Photoshop/CorelDRAW服装产品设计精彩实例课堂》一书深得读者好评。多年来，两位老师一直从事艺术设计教学，崔建成老师是从事数字艺术设计教学的一线教师，电脑艺术设计教学经验丰富，近年来出版计算机辅助艺术设计方面的专业书籍二十余部，涉及视觉传达、工业设计、环艺设计和服装设计等多个专业领域，专业书籍市场反应效果很好，教材质量和教学效果得到艺术院校师生的一致好评，其中一些书籍长期作为艺术院校电脑艺术设计专业教材。李艳艳老师是毕业于东华大学设计艺术学专业的硕士研究生，多年来一直从事服装设计专业方面的教学与科研，出版过多部服装设计方面的专著，在专业杂志期刊上发表专业论文二十余篇；另外，作为一名服装设计师，她的作品曾经获得国家级、省级多项奖励。李艳艳不仅有着多年从事服装设计的经历，同时有着丰富的计算机辅助服装设计的教学与实践经验。此次两位老师合作编写本书，充分发挥了两个人的专业特长，达到了优势互补，使计算机辅助服装设计更具针对性，顺应了目前服装设计的发展趋势。

　　本书内容深入浅出，步骤详尽，案例代表性较强，重点突出了计算机辅助服装设计的创意表现形式，注重设计的系统性，例如图案的创意设计表现与运用部分，并非单纯绘制图案，还要考虑到图案在服装设计上的具体运用，既展示图案的平面效果，又表现图案在着装模特上的动态效果。这对于服装设计学习者而言，可以更快地掌握计算机辅助服装设计的实操性。

　　我希望广大读者通过这本教材，能够不断提高自身的服装产品设计水平，创作出更多、更优秀的作品。

　　是为序。

东华大学教授、博士生导师

2015 年 12 月 5 日

目　　录

第一章 服装产品的面料

　　服装产品的面料设计制作有助于学习者更好地运用设计软件，同时也是学习者了解服装产品面料的组织结构与风格的过程。这个过程恰好为服装设计建立了各种服装面料素材库，有助于设计者更好地整理、收集、归纳各种面料，并对实际的服装产品面料质感的表现提供帮助。

　　本章主要讲述梭织面料、针织面料、皮草和皮革面料的设计制作。

1.1　Photoshop 梭织面料的设计

梭织面料是指经纬两个系统的纱线在织机上按照一定的规律相互交织而成的面料。梭织面料的主要特点是布面有经向和纬向之分，在设计梭织面料时要充分显示这一特点。在本节中，主要讲述利用 Photoshop 创意常见的几种梭织面料的表现形式。

1.1.1　色织方格面料

色织面料纺织成布采用的是事先染好的纱线，而不是织成白坯布然后印染的，即用染色的纱线织成的织物，统称色织面料。这种面料常被用作衬衫面料，质感轻盈，气质俱佳，是现代生活不可或缺的高档纯棉面料。

操作步骤如下：

（1）新建文件，其参数设置如图 1-1 所示。

（2）执行"滤镜"/"添加杂色"命令，在弹出的对话框中设置如图 1-2 所示的参数。单击"确定"按钮，效果如图 1-3 所示。

（3）执行"滤镜"/"其他"/"位移"命令，在弹出的对话框中设置如图 1-4 所示的参数。单击"确定"按钮，效果如图 1-5 所示。

图 1-1

图 1-2

图 1-3　　图 1-4

图 1-5

（4）如图 1-6 所示，复制"背景"图层为"背景 副本"层，执行"编辑"/"变换"/"顺时针 90°"命令，调整"背景副本"图层的不透明度度为 60%，效果如图 1-7 所示。

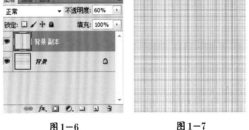

图 1-6　　　　　　图 1-7

1.1.2　亚麻面料

亚麻是植物的皮层纤维，它的功能是近似人的皮肤，有保护肌体，调节温度等天然性能。亚麻布服装比其他衣料更利于人体排汗，吸水速度比绸缎、人造丝织品，甚至比棉布快几倍，与皮肤接触即形成毛细现象，是皮肤的延伸。亚麻的这种天然的透气性、吸湿性和清爽性，使其成为自由呼吸的纺织品，因此亚麻纤维品被称为纤维中的皇后。

操作步骤如下：

（1）新建文件，其参数设置如图 1-8 所示。设置前景色为 R233、G206、B26，背景色为 R212、G130、B33。执行"滤镜"/"渲染"/"纤维"命令，在弹出的对话框中设置如图 1-9 所示的参数。单击"确定"按钮，效果如图 1-10 所示。

（2）如图 1-11 所示，复制背景图层为"背景 副本"，执行"编辑"/"变换"/"顺时针 90°"命令。调整"背景 副本"图层的不透明度为 60%，效果如图 1-12 所示。

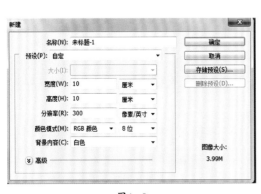

图 1-8　　　　　　　　　　　　　图 1-9

图 1-10

图 1-11

图 1-12

1.1.3 乔其纱面料

乔其纱属真丝绸类产品，采用平纹组织，经纬线均采用两根 22.2/24.4dtex 的生丝加捻强捻丝，并以二左二右的方式相间交织，经纬密度小，经练染后，经纬丝在织物中扭曲歪斜，绸面上有细微均匀的绉纹和明显的纱孔，质地轻薄、飘逸、透明，犹如蝉翼，极富弹性。

操作步骤如下：

（1）新建文件，其参数设置如图 1-8 所示。

（2）执行"滤镜"/"添加杂色"命令，在弹出的对话框中设置如图 1-13 所示的参数；单击"确定"按钮，效果如图 1-14 所示。

（3）执行"滤镜"/"像素化"/"晶格化"命令，在弹出的对话框中设置如图 1-15 所示的参数；单击"确定"按钮，效果如图 1-16 所示。

（4）执行"滤镜"/"其他"/"最小值"命令，在弹出的对话框中设置如图 1-17 所示的参数；单击"确定"按钮，效果如图 1-18 所示。

图1-13

图1-14

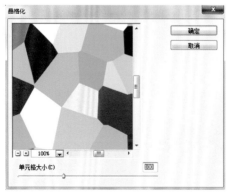

图1-15

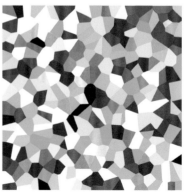

图1-16

（5）执行"滤镜"／"杂色"／"中间值"命令，在弹出的对话框中设置如图 1-19 所示的参数；单击"确定"按钮，效果如图 1-20 所示。

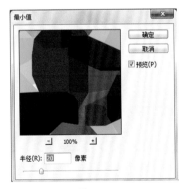

图 1-17

图 1-18

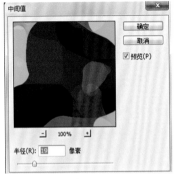

图 1-19

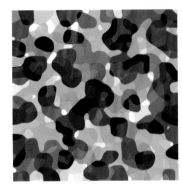

图 1-20

1.1.4 灯芯绒面料

灯芯绒为表面纵向绒条状的棉织物，绒条像一条条灯芯，因此得名。灯芯绒绒条圆润丰满，绒毛耐磨，质地厚实，手感柔软，保暖性好。主要用作男、女、老、幼服装、鞋帽，也宜做家具装饰布、手工艺品、玩具等。

操作步骤如下：

（1）新建文件，其参数设置如图 1-8 所示。

（2）设置前景色为 R211、G194、B7。新建"图层 1"，激活矩形框选工具，绘制 2 毫米的选区，填充前景色，效果如图 1-21 所示，复制该图层为"图层 1 副本"。

（3）执行"图层"／"图层样式"／"斜面和浮雕"命令。在弹出

图 1-21

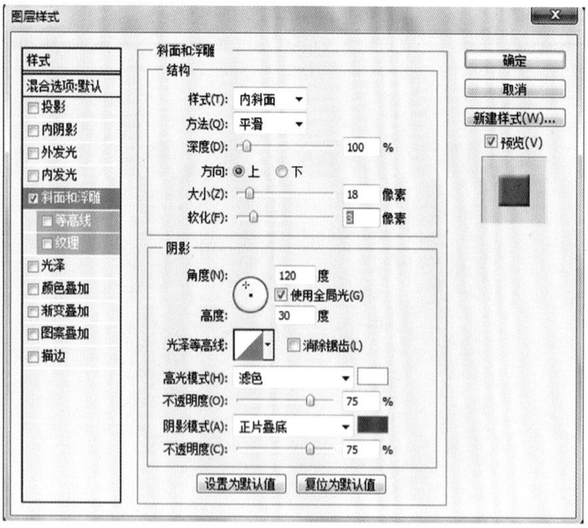

图层样式

样式

混合选项:默认
□投影
□内阴影
□外发光
□内发光
☑斜面和浮雕
　□等高线
　□纹理
□光泽
□颜色叠加
□渐变叠加
□图案叠加
□描边

斜面和浮雕
结构

样式(T)：内斜面
方法(Q)：平滑
深度(D)：　　　　　100 %
方向：●上　○下
大小(Z)：　　　　　18 像素
软化(F)：　　　　　3 像素

阴影
角度(N)：120 度
　　　　☑使用全局光(G)
高度：30 度
光泽等高线：　　□消除锯齿(L)
高光模式(H)：滤色
不透明度(O)：　　　　75 %
阴影模式(A)：正片叠底
不透明度(C)：　　　　75 %

确定
取消
新建样式(W)...
☑预览(V)

设置为默认值　复位为默认值

图1-22

的对话框中设置如图 1-22 所示的参数；单击"确定"按钮，效果如图 1-23 所示。

（4）激活移动工具。如图 1-24 所示调整"图层 1 副本"的位置，然后将两个图层合并为"图层 1"。

（5）执行"滤镜"/"风格化"/"风"命令。在弹出的对话框中分别设置风向为"从左""从右"各一次，如图 1-25 所示。

（6）激活矩形选框工具。框选"图层 1"，执行"编辑"/"定义图案"命令，

图1-23 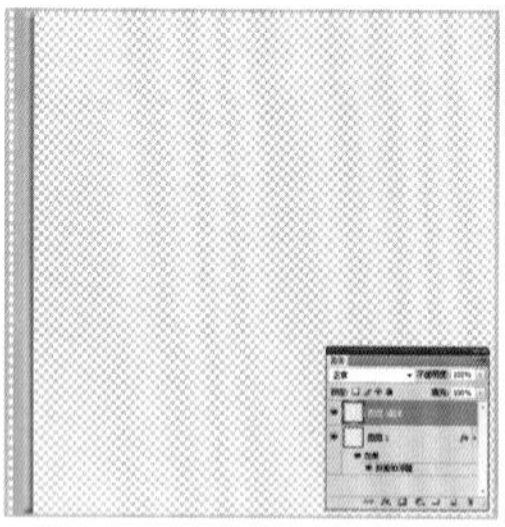　　　　　图1-24

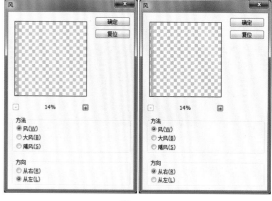

图1-25

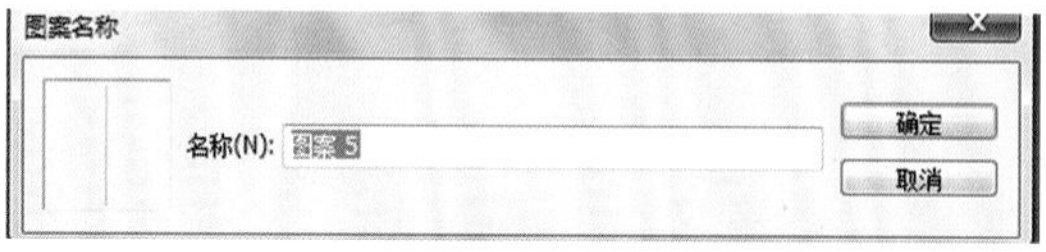

图案名称

名称(N)：图案 5

确定
取消

图1-26

在弹出的对话框中设置如图 1-26 所示的图案。

（7）新建"图层 2"。执行"编辑"/"填充图案"命令，在弹出的对话框中选择已经设定的图案（图 1-27）；单击"确定"按钮，效果如图 1-28 所示。

（8）以"图层 2"为当前层。执行"图层"/"图层样式"/"投影"命令，在弹出的对话框中设置如图 1-29、图 1-30 所示的参数。正片叠底的颜色

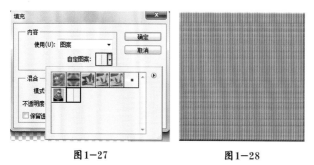

填充

内容
使用(U)：图案
自定图案：

混合
模式
不透明度
□保留透

确定
取消

图1-27　　　　　图1-28

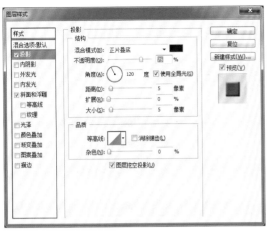
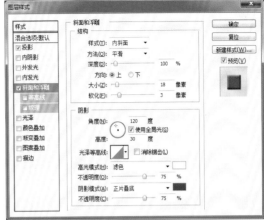

图1-29　　　　　　　　　　　　　　图1-30

设置为 R65、G29、B3，单击"确定"按钮，效果如图 1-31 所示。

（9）以"图层 1"为当前层，填充颜色为 R168、G131、B4，此时"图层"面板如图 1-32 所示。

（10）以"图层 2"为当前层，执行"滤镜"/"杂色"/"添加杂色"命令，在弹出的对话框中设置如图 1-33 所示的参数；单击"确定"按钮，最终完成灯芯绒面料的创意表现，效果如图 1-34 所示。

图1-31

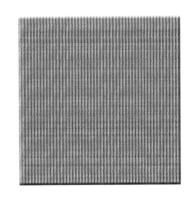

图1-32　　　　　　　图1-33　　　　　　　图1-34

1.1.5　蓝色暗纹羊毛面料

羊毛面料分为含一定比例羊毛的面料和纯羊毛面料。纯羊毛面料手感柔软而富有弹性，身骨挺括、板，有光感，颜色纯正，用手紧握、抓捏，松开后基本无折皱，如有轻微折痕，也会在短时间内褪去并快速恢复平整。

操作步骤如下：

（1）新建文件，其参数设置如图 1-8 所示。

（2）设置前景色为 R2、G39、B93，激活单列选框工具，填充效果如图 1-35 所示。

（3）执行"选择"/"变换选区"命令。将选区向右稍稍拖移放大，形成蓝白相间的选区，然后执行"编辑"/"定义图案"命令，在弹出的对话框中设置所定义的图案，如图 1-36 所示。

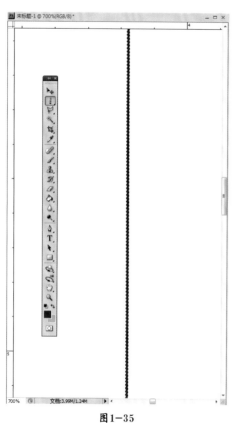

图1-35

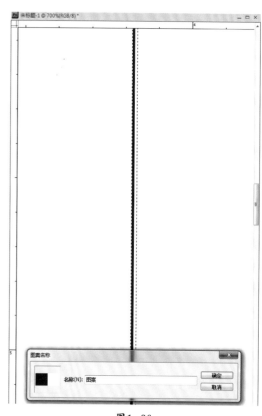

图1-36

图1-37

（4）执行"编辑"/"填充"命令。在弹出的对话框中选择已经设置的图案，单击"确定"按钮，其填充效果如图 1-37 所示。

（5）执行"滤镜"/"杂色"/"添加杂色"命令。在弹出的对话框中设置如图 1-38 所示的参数；单击"确定"按钮，效果如图 1-39 所示。

（6）新建"图层1"。设置前景色为R2、G39、B93，填充该颜色，效果如图1-40所示。

（7）在"图层"面板中，设置如图1-41所示的参数，最终完成蓝色暗纹羊毛织物面料的创意表现，效果如图1-42所示。

图1-38

图1-39　　　　　　　　图1-40

图1-41

图1-42

1.1.6　斜纹牛仔面料

牛仔面料的原料成分可分为纯纺与混纺两类。最初是以纯棉为主，后来为了改善纯棉牛仔面料的使用特性，加入一些其他的化学纤维等，特别是为了提高牛仔服的弹力而加入了氨纶成分，制成弹力牛仔布，曾风靡一时。近年来，为了拓展牛仔服面料的品类及特殊需求，还选用羊毛、羊绒、蚕丝、麻等纤维，开发出具有牛仔风格的特殊非棉为主的牛仔面料。

操作步骤如下：

（1）新建文件，其参数设置如图1-8所示。

（2）设置前景色为R4、G50、B120。激活矩形选框工具，绘制矩形选框并填充，然后设置填充图案，其填充效果如图1-43所示 [见蓝色暗纹羊毛面料步骤（1）～（4）]。

（3）打开"图层"面板，新建"图层1"并填充前景色，如图1-44所示。

（4）以"图层1"为当前层，执行"滤镜"/"添加杂色"命令，在弹出的对话框中设置如图1-45所示的参数；单击"确定"按钮，效果如图1-46所示。

图1-43　　　　　　　　　　　　　　　图1-44

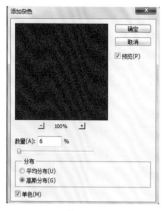

图1-45　　　　　　　　　　　　　　　图1-46

（5）执行"图像"/"图像旋转"/"任意角度"命令。在弹出的对话框中设置如图1-47所示的参数；单击"确定"按钮，效果如图1-48所示。

图1-47

（6）激活裁剪工具。如图1-49所示旋转裁剪角度；双击鼠标左键，效果如图1-50所示。

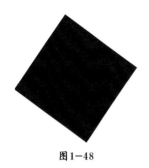

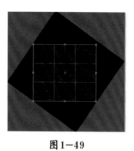

图1-48　　　　　　　　图1-49　　　　　　　　图1-50

（7）执行"图像"/"变化"命令。在弹出的对话框中，可以绘制并选择不同颜色的牛仔面料，如图1-51所示，单击"确定"按钮。

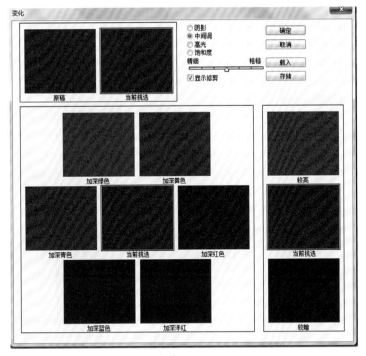

图1-51

1.1.7　天鹅绒面料

天鹅绒在明清两代最为兴盛，包括花天鹅绒和素天鹅绒两种。花天鹅绒是指将部分绒圈按花纹割断成绒毛，使之与未断的线圈联同构成纹样；而素天鹅绒则其表面全为绒圈。一般天鹅绒用蚕丝作原料或作经线，以棉纱作纬线，再以桑蚕丝（或人造丝）起绒圈。

操作步骤如下：

（1）新建文件，其参数如图 1-52 所示，设置背景色为 R95、G10、B30。

（2）执行"滤镜"/"艺术效果"/"海绵"命令。在弹出的对话框中设置如图 1-53 所示的参数；单击"确定"按钮，效果如图 1-54 所示。

（3）执行"滤镜"/"画笔描边"/"喷溅"命令。在弹出的对话框中设置如图 1-55 所示的参数；单击"确定"按钮，效果如图 1-56 所示。

（4）执行"滤镜"/"杂色"/"中间值"命令。在弹出的对话框中设置如图 1-57 所示的参数，单击"确定"按钮即可。

（5）执行"滤镜"/"模糊"/"动感模

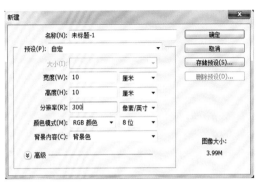

图1-52

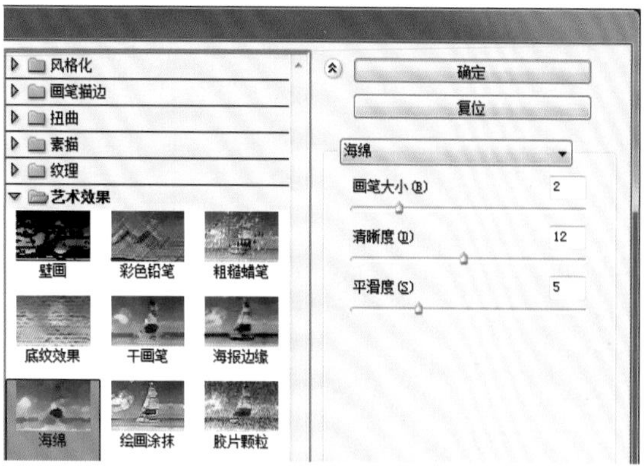

图1-53

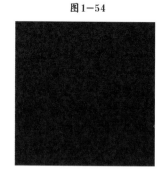

图1-54

图1-55

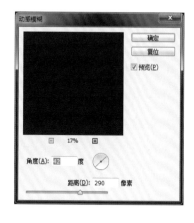

图1-56

图1-57

图1-58

糊"命令。在弹出的对话框中设置如图1-58所示的参数；单击"确定"按钮，效果如图1-59所示。

（6）执行"滤镜"/"模糊"/"高斯模糊"命令。在弹出的对话框中设置如图1-60所示的参数；单击"确定"按钮，效果如图1-61所示。

图1-59

图1-60

图1-61

1.2 Photoshop 针织面料的设计

本节主要讲述利用 Photoshop 创意针织面料的表现方法，包括罗纹组织针织面料和绞花组织针织面料。

1.2.1 罗纹组织针织面料

罗纹针织物是由一根纱线依次在正面和反面形成线圈纵行的针织物。罗纹针织物具有平纹织物的脱散性、卷边性和延伸性，同时还具有较大的弹性。常用于 T 恤的领边、袖口，有较好的收身效果，弹性很大，主要用于休闲风格的服装。

操作步骤如下：

（1）新建文件，其参数设置如图 1-62 所示。

（2）将透明图层命名为"单元结构"，打开标尺，设置如图 1-63 所示的参考线。

（3）激活钢笔路径工具。绘制如图 1-64 所示直线路径，然后使用添加和删除锚点工具调整路径，效果如图 1-65 所示；单击鼠标右键，将路径转换为选区并填充颜色，颜色设置为 R0、G136、B41，效果如图 1-66 所示。

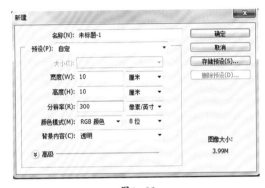
图1-62

（4）复制"单元结构"图层。命名为"单元结构 副本"，调整位置后将两者合并为"单元结构 副本"图层，效果如图 1-67 所示。

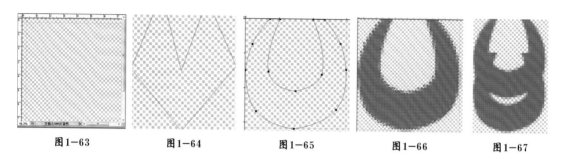

图1-63　　　图1-64　　　图1-65　　　图1-66　　　图1-67

（5）复制"单元结构 副本"图层。命名为"单元结构 副本 2"，调整位置后将两者合并为"单元结构 副本 2"图层，效果如图 1-68 所示。

（6）同样方法，依次将图层叠加，最终形成如图 1-69 所示的效果。

（7）激活矩形选框工具，贴紧边缘将其选择。执行"编辑"/"定义为图案"命令，在弹出的对话框中设置如图 1-70 所示的参数，单击"确定"按钮即可。

（8）执行"编辑"/"填充图案"命令。在弹出的对话框中设置如图 1-71 所示的参数；找到刚才设置的图案，单击"确定"按钮，效果如图 1-72 所示。

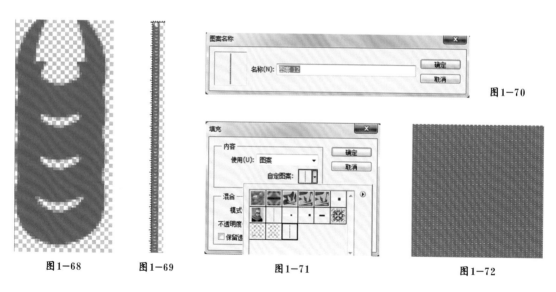

图1-68　　　图1-69　　　　　图1-71　　　　　　　图1-72

图1-70

（9）执行"图层"/"图层样式"/"投影"/"斜面和浮雕"命令。其中"投影"参数设置为缺省值，"斜面和浮雕"参数设置如图 1-73 所示；单击"确定"按钮，罗纹组织针织面料的效果如图 1-74 所示。

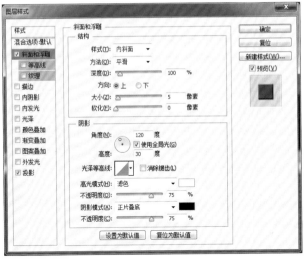

图1-73

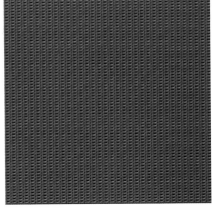

图1-74

1.2.2　绞花组织针织面料

绞花织物可以分为单面绞花和双面绞花两种织物。单面绞花是具有单面线圈结构的绞花织物；双面绞花是具有双面线圈结构的绞花织物，由双针床横机编织。绞花织物的花型效果取决于线圈交换的针数和次数。

操作步骤如下：

（1）新建文件，其参数设置如图1-65所示。

（2）将透明图层定义为"绞花组织"。激活钢笔路径工具，首先绘制如图1-75所示的路径。

（3）继续绘制两段路径，然后通过复制、水平镜像、垂直镜像等命令修补路径，效果如图1-76所示；单击鼠标右键，执行"描边路径"命令，设置画笔宽度为4像素，颜色为黑色，描边效果如图1-77所示。

（4）复制两个绞花组织层为"绞花组织副本""绞花组织副本2"，调整其大小和位置，效果如图1-78所示。

（5）打开标尺，设置如图1-79所示的参考线。激活钢笔路径工具，绘制如图1-80所示的路径。单击鼠标右键，执行"填充路径"命令，颜色设置为R255、G111、B5；再执行"路径描边"命令，设置"描边"颜色为黑色，宽度为1像素，效果如图1-81所示（此图为放大后效果）。

（6）激活矩形选框工具将其框选，执行"编辑"/"定义图案"命令。在弹出的对话框中（图1-82），单击"确定"按钮即可；新建图层并命名为"纬平针组织"，执行"编辑"/"填充"命令，在弹出的对话框中选择填充"图案"，效果如图1-83所示。

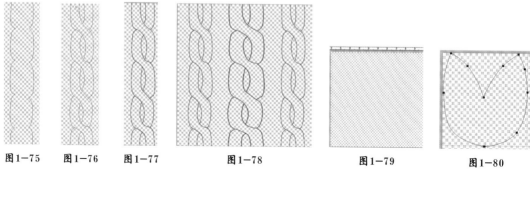

图1-75　　图1-76　　图1-77　　　　图1-78　　　　　图1-79　　　　　图1-80

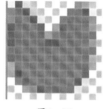

图1-81

图1-82

图1-83

（7）执行"图层"/"图层样式"命令。在弹出的对话框中设置如图1-84所示的参数；单击"确定"按钮，效果如图1-85所示。

（8）依次为"绞花组织""绞花组织 副本""绞花组织 副本2"设置如图1-86所示的投影参数。调整其上、下关系，则绞花组织针织面料效果如图1-87所示。

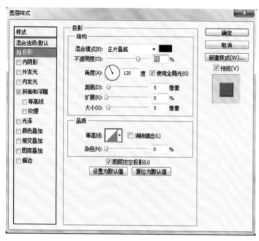

图1-84

图1-85

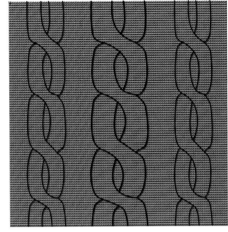

图1-86 图1-87

1.3 Photoshop 皮草面料的设计

本节将主要讲述利用 Photoshop 创意皮草的表现方法，主要展示狐狸皮草和水洗皮革印花两种面料。

1.3.1 狐狸皮草面料

狐狸皮草具有轻、软、有光泽等特点，与同样版型大小但是使用材质来自不同种动物身上的皮草衣服相比，狐狸皮草的质量会轻很多，狐狸的表皮上长有两种毛，内层较短的绒毛和外层较长而且相对较硬的毛针，内绒越饱满越好，穿起来也越暖和，毛针越长越好，视觉效果更理想。

操作步骤如下：

（1）新建文件，其参数设置如图 1-65 所示。

（2）新建图层命名为"蓝色皮草"。使用钢笔路径工具，绘制如图 1-88 所示的钢笔路径，单击鼠标右键，将其转换为选区；激活渐变填充工具，在弹出的对话框中设置如图 1-89 所示的渐变参数；单击"确定"按钮，效果如图 1-90 所示。

（3）复制蓝色皮草图层为"蓝色皮草 副本"。以"蓝色皮草 副本"图层作为当前图层，执行"编辑"/"自由变换"命令，调整其角度和大小，然后合并两个图层为"蓝色皮草 副本"

图层，效果如图 1-91 所示。

（4）复制"蓝色皮草 副本"图层。命名为"蓝色皮草 副本 2"，改变其大小和角度，合并后的效果如图 1-92 所示；依此类推，每次复制后都要调整大小，使其针毛长短不一，效果如图 1-93 所示。

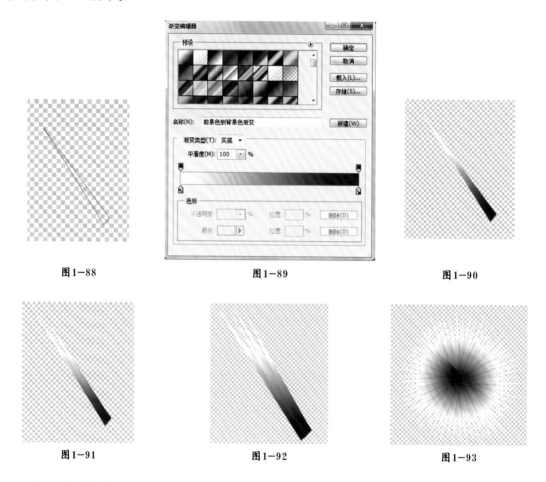

图1-88   图1-89   图1-90

图1-91   图1-92   图1-93

（5）激活矩形选框工具，框选所绘制的图形。执行"编辑"/"定义画笔预设"命令，弹出如图 1-94 所示的对话框，单击"确定"按钮即可。

（6）根据设计需要新建如图 1-95 所示的文件，设置相应的前景色，激活毛笔工具；设置不同的笔触大小及画笔的不透明度、流量，绘制如图 1-96 所示的皮草形状纹理即可。

图1-94

图1-95　　　　　　　　　　　　　　　　图1-96

1.3.2　水洗印花皮革面料

水洗皮革沿袭于欧美伐木工人和美国西部牛仔的怀旧风格，其绝妙之处有别于其他一般工艺的皮革，水洗皮革除了具有真皮的舒适、御寒、柔软性能，还兼具华丽、时尚的风格。

操作步骤如下：

（1）新建文件，其参数设置如图1-8所示，设置前景色与背景色为黑、白色。

（2）执行"滤镜"/"渲染"/"云彩"命令。效果如图1-97所示。

图1-97

（3）执行"滤镜"/"滤镜库"/"素描"/"炭精笔"命令。其参数设置如图1-98所示，单击"确定"按钮，水洗印花皮革的效果如图1-99所示。

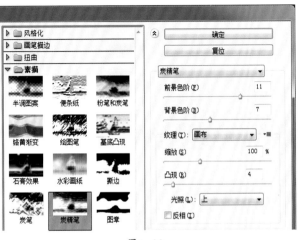

图1-98　　　　　　　　　　　　　　　　图1-99

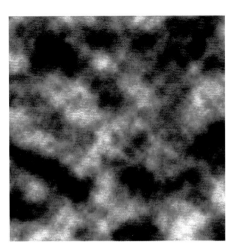

1.4　CorelDRAW 梭织面料的设计

本节主要讲述利用 CorelDRAW 创意梭织面料的表现方法，包括经典 Burberry 格和丝绸两种面料。

1.4.1　经典 Burberry 格面料

Burberry 的招牌格子图案是 Burberry 家族身份和地位的象征。这种由浅驼色、黑色、红色、白色组成的三粗一细的交叉图纹，不张扬、不妩媚，自然地散发出成熟理性的韵味，体

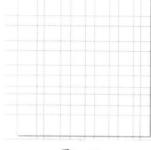

图 1-100

现了 Burberry 的历史和品质，甚至象征了英国的民族文化。

操作步骤如下：

（1）新建一个 A4 幅面的文件，按住鼠标左键从标尺中拖出如图 1-100 所示的辅助线。

（2）激活贝塞尔工具，绘制如图 1-101 所示的两条 1 毫米粗的黑色斜线。激活调和工具，设置如图 1-102 所示的参数；然后激活贝塞尔工具修补两端的图形，效果如图 1-103 所示。

图 1-101

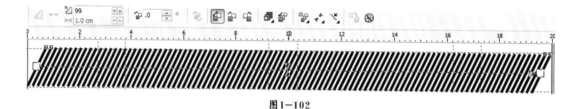

图 1-102

图 1-103

（3）复制多个该图形。调整位置与角度，效果如图 1-104 所示。

（4）使用同样方法绘制两条深红色斜线并做交互调和。复制多个后，调整位置与角度，效果如图 1-105 所示。

（5）分别绘制矩形。填充黑色、深红色（C25、M93、Y64、K0），效果如图 1-106 所示；为了增加面料的质感，选中该图形，执行"位图"/"转换为位图"命令，效果如图 1-107 所示。

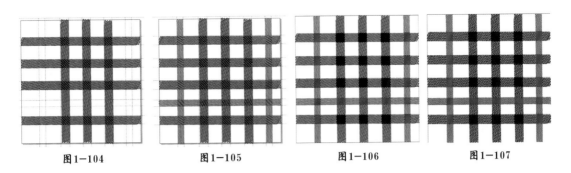

图1-104　　　　图1-105　　　　图1-106　　　　图1-107

（6）绘制等大的正方形。填充黄色（C14、M30、Y93、K0），效果如图 1-108 所示；执行"位图"/"转换为位图"命令，然后执行"位图"/"添加杂点"命令，在弹出的对话框中设置如图 1-109 所示的参数；单击"确定"按钮，效果如图 1-110 所示；调整黄色图层的位置，效果如图 1-111 所示。

图1-108

图1-109

图1-110

图1-111

1.4.2　丝绸面料

丝绸面料具有轻薄、柔软，让人倍感滑爽、极其舒适、透气，它的色彩绚丽，而且富有光泽，显得高贵典雅。但它易生褶皱，容易吸身、不够结实、褪色较快，加工的时候很容易引起跳针。

操作步骤如下：

（1）新建一个 A4 幅面的文件。激活矩形工具，按住 Ctrl 键，根据设计需要绘制正方

形并填充颜色（C20、M80、Y0、K20），效果如图 1-112 所示；选中该图形，执行"位图"/"转换为位图"命令，在弹出的对话框中设置如图 1-113 所示的参数，单击"确定"按钮即可。

图1-112　　　　　　**图1-113**

（2）执行"位图"/"艺术笔触"/"波纹纸画"命令。在弹出的对话框中设置如图 1-114 所示的参数；单击"确定"按钮，效果如图 1-115 所示。

（3）选中该图形，执行"位图"/"艺术笔触"/"印象派"命令。在弹出的对话框中设置如图 1-116 所示的参数；单击"确定"按钮，效果如图 1-117 所示。

图1-114

图1-115

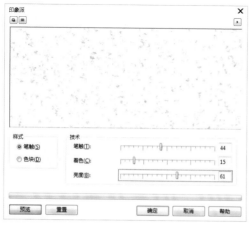

图1-116

图1-117

（4）选中该图形，执行"位图"/"三维效果"/"浮雕"命令。在弹出的对话框中设置如图 1-118 所示的参数；单击"确定"按钮，效果如图 1-119 所示。

（5）选中该图形，执行"位图"/"模糊"/"高斯模糊"命令。在弹出的对话框中设置如图 1-120 所示的参数；单击"确定"按钮，效果如图 1-121 所示。

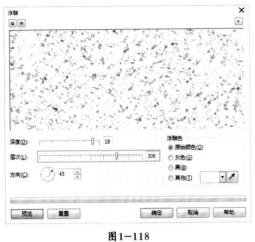

图 1-118

图 1-119

图 1-120

图 1-121

1.5　CorelDRAW 针织面料的设计

本节主要讲述利用 CorelDRAW 创意针织面料的表现方法，包括钩织镂空针织面料和提花组织针织面料。

1.5.1 钩织镂空针织面料

镂空，本是一种雕刻技术。但在现代社会镂空一词已得到了更加广泛的运用。镂空服装是现代时尚界常见的一种的表现方式，是通透、性感的代名词，常见的比如女式镂空衫。许多国际名牌都有自己经典的镂空款式，深受时尚人士喜爱。

操作步骤如下：

（1）新建一个 A4 幅面的文件。激活矩形工具，按住 Ctrl 键，绘制正方形并填充黑色。执行"位图"/"转换为位图"命令，在弹出的对话框中设置如图 1-122 所示的参数；单击"确定"按钮，效果如图 1-123 所示。

图1-122   图1-123

（2）执行"位图"/"创造性"/"彩色玻璃"命令。在弹出的对话框中设置如图 1-124 所示的参数；单击"确定"按钮，效果如图 1-125 所示。

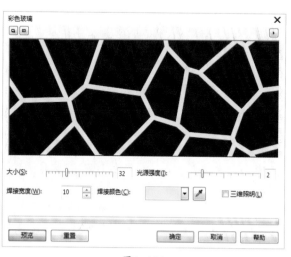

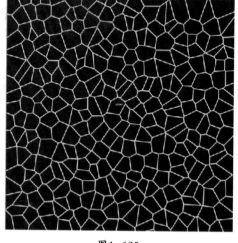

图1-124   图1-125

（3）执行"位图"/"三维效果"/"浮雕"命令。在弹出的对话框中设置如图 1-126 所示的参数；单击"确定"按钮，效果如图 1-127 所示。

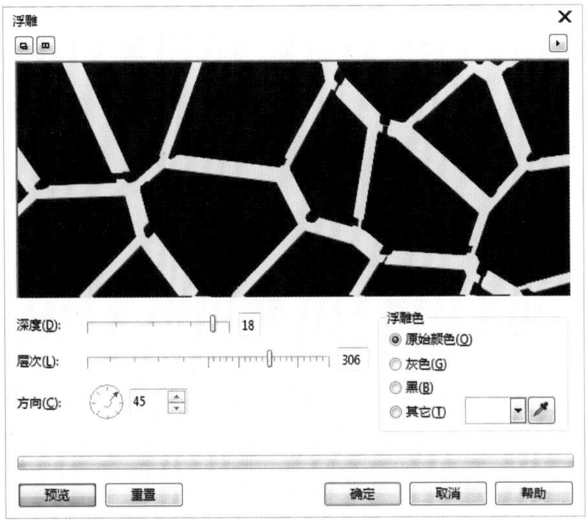

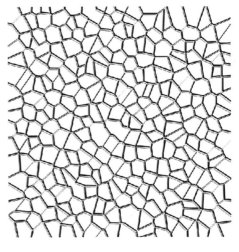

图1-126   图1-127

1.5.2 提花组织针织面料

提花面料是一种有织纹图案的棉织物或化纤混纺织物。提花布一般多用作配饰，如围巾、床单、台布、窗帘等室内装饰；提花府绸、提花麻纱、提花线呢则多用于女式服装。

操作步骤如下：

（1）新建一个A4幅面的文件。激活贝塞尔工具，绘制如图1-128所示的基础图形，线型设置为"极细"，颜色为橘黄色（C0、M60、Y100、K0）。

图1-128

（2）复制两个基础图形，分别置于两端，激活调和工具，设置两个图形之间的调和参数（图1-129），调和效果如图1-130所示。

图1-129

（3）复制交互后的图形，并分别置于画面的两端，如图1-131所示；激活调和工具，使用同样的方法完成调和变化，效果如图1-132所示。

（4）激活图样填充工具，在弹出的对话框中设置如图1-133所示的参数；单击"确定"按钮填充完毕后，单击鼠标右键，选择"顺序到页面后面"命令，提花组织针织面料效果如图1-134所示（此图样依据软件版本不同而有所不同，也可以自己绘制，此处不再赘述）。

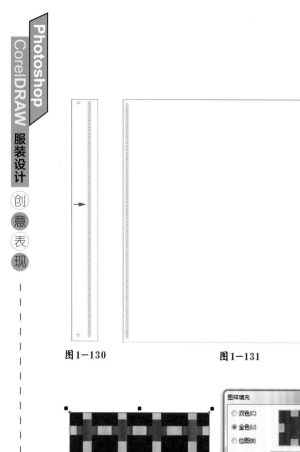

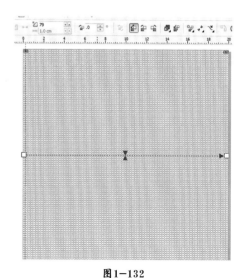

图1-130   图1-131   图1-132

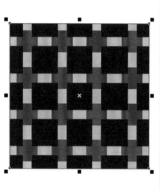

图1-133   图1-134

1.6　CorelDRAW 皮草面料的设计

本节主要讲述利用 CorelDRAW 创意皮草的表现方法，包括虎纹皮草和湖羊皮草两种面料。

1.6.1　虎纹皮草面料

在十二生肖中，虎是最具时尚神韵的动物。虎纹时尚、霸气、骄傲、神秘、性感，它讲究流畅的线条，色彩以土黄色毛皮为底，搭配黑色纹饰。

操作步骤如下：

（1）新建一个 A4 幅面的文件。激活贝塞尔工具，绘制如图 1-135 所示图形并填充黑色。

（2）选中该图形，执行"位图"/"转换为位图"命令，然后执行"位图"/"模糊"/"高斯模糊"命令，在弹出的对话框中设置如图 1-136 所示的参数。单击"确定"按钮，效果如图 1-137 所示；继续执行"动态模糊"命令，在弹出的对话框中设置如图 1-138 所示的参数，效果如图 1-139 所示。

图1-135

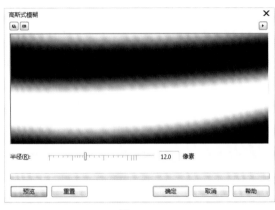

图1-136

图1-137

图1-138

图1-139

（3）激活矩形工具。按住 Ctrl 键，绘制正方形并填充深黄色（C0、M20、Y100、K0），效果如图 1-140 所示。将其转换为位图后执行"位图"/"杂点"/"添加杂点"命令，在弹出的对话框中设置如图 1-141 所示的参数；单击"确定"按钮，效果如图 1-142所示。

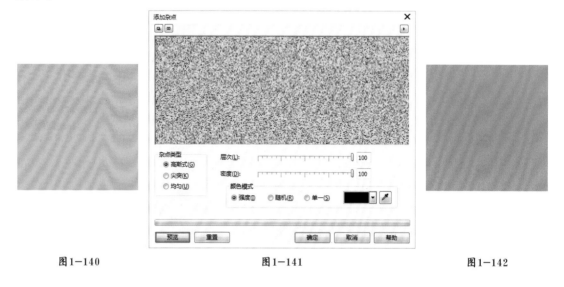

图 1-140　　　　　　　　　　　图 1-141　　　　　　　　　　　图 1-142

（4）激活贝塞尔工具。在画面两端绘制两条咖啡色线条（C0、M22、Y67、K22），效果如图 1-143 所示；激活调和工具，做两条线之间的调和处理，效果如图 1-144 所示。

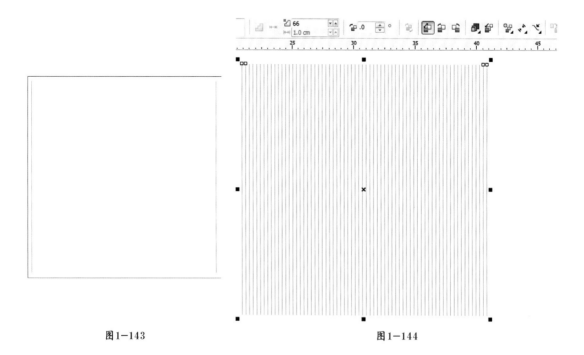

图 1-143　　　　　　　　　　　　　　　　图 1-144

（5）将调和后的图形转换为位图，执行"位图"/"扭曲"/"涡流"命令。在弹出的对话框中设置如图 1-145 所示的参数；单击"确定"按钮，效果如图 1-146 所示；将三个图层的顺序调整好，虎纹皮草的效果如图 1-147 所示。

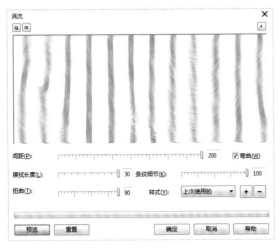

图1-145　　　　　　　　图1-146　　　　　　图1-147

1.6.2　咖啡色湖羊皮草面料

湖羊面料的毛纤维束弯曲呈水波纹花案，弹性强，洁白美观，是制作皮衣的优质原料，制作服装时，需进行染色，可以染制咖啡、黑色等色彩。

操作步骤如下：

（1）新建一个 A4 幅面的文件。激活矩形工具，按住 Ctrl 键绘制正方形，填充白色，取消轮廓线，然后将其转换为位图。

（2）执行"位图"/"杂点"/"添加杂点"命令。在弹出的对话框中设置如图 1-148 所示的参数；单击"确定"按钮，效果如图 1-149 所示。

（3）执行"位图"/"扭曲"/"涡流"命令。在弹出的对话框中设置如图 1-150 所

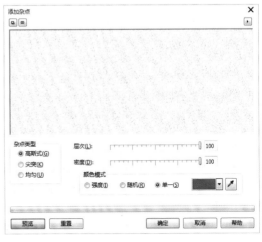

图1-148

图1-149

示的参数；单击"确定"按钮，同样执行两次，效果如图 1-151 所示。

（4）执行"位图"/"轮廓图"/"边缘检测"命令。在弹出的对话框中设置如图 1-152 所示的参数；单击"确定"按钮，效果如图 1-153 所示。

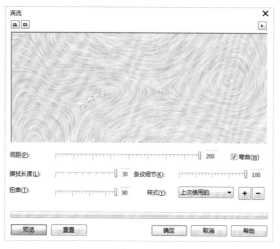

图1-150

图1-151

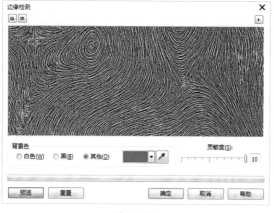

图1-152

图1-153

课后练习

分别利用Photoshop/CorelDRAW设计软件，各绘制两块梭织、针织和皮草面料。要求面料新颖，符合现代流行趋势，步骤详尽。

第二章 服饰的色彩

　　"远看服装，近看花"这句话说明人们首先感知到服饰色彩的存在，其次才会仔细观察服饰的材质和款式细节。色彩作为服饰设计的三大要素之一，在实际的服饰设计过程中，设计师对于色彩的运用与表现决定了服装整体的视觉效果。

　　本章主要从单一色彩、两种以上色彩的配色来讲述色彩的运用与表现。

2.1 Photoshop 服饰色彩效果表现

无论服装品牌，还是服装设计公司，在进行每季的服装产品开发时，一般情况下，会采取开发多个系列，并且为了系列的延伸，往往会为每个系列选择几个不同色彩，这样一方面可以丰富服装产品系列，另一方面可以丰富卖场服装展示效果。

2.1.1　同一系列不同颜色效果图的设计

展示同一系列服装不同的色彩穿着效果，使设计更具直观性，如图 2-1 所示。在实际的服装产品设计实践中，设计者多选择简洁、快速的绘图形式——服装平面款式来表现。

图 2-1

操作步骤如下：

（1）新建文件，其参数设置如图 2-2 所示；打开素材并将其拷贝至新建文件中，调整其大小和位置（位于画面的左侧），效果如图 2-3 所示。

图 2-2   图 2-3

（2）执行"图像"/"调整"/"黑白"命令。在弹出的对话框中设置如图2-4所示的参数，单击"确定"按钮，效果如图2-5所示。

（3）复制该图层为"图层2"，执行"图像"/"调整"/"变化"命令。在弹出的对话框中设置如图2-6所示的参数，选中加深红色，单击5次鼠标左键，深红色效果如图2-7所示。

（4）复制该图层5次。依次从图2-6中分别选择加深黄色、蓝色、绿色、青色、洋红色，单击鼠标左键5次，效果如图2-8至图2-12所示。

（5）依次调整各图层的位置，最终效果如图2-1所示。

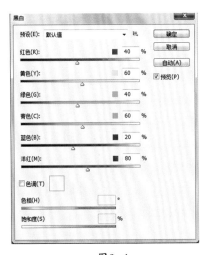

图2—4

图2—5

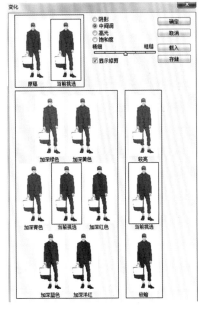

图2—6

图2—7

图2—8

图2—9

图2—10

图2—11

图2—12

2.1.2　同款不同颜色平面款式效果图的设计

在设计服装时，尤其是成衣设计会遇到同一款式、不同颜色面料的系列服装的设计，如何把服装画上的衣服在不改变纹理、花色、阴影、条纹的情况下（图2-13），实现不同色彩展示效果？可以通过下面的方法轻松实现。

操作步骤如下：

（1）新建文件，其参数设置如图2-14所示。

（2）打开素材平面款式图（图2-15），双击"图层"面板中的背景层，将其转化为"图层0"。

（3）激活魔术棒工具。选择服装轮廓的外围白色部分，然后按 Delete 键删除白色，效果如图2-16所示。

图2-13

（4）执行"编辑"/"自由变换"命令，调整其大小和位置，效果如图2-17所示。

（5）激活裁剪工具。在其属性栏中设置如图2-18所示的裁剪比例尺寸，双击鼠标进行裁剪；执行"编辑"/"定义为画笔"命令，如图2-19所示。

图2-14

图2-15

图2-16

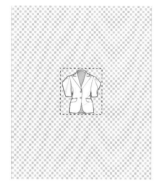

图2-17

图2-18

图2-19

（6）在新建的文件中新建"图层1"。激活画笔工具，其参数设置如图2-20所示；设置前景色为R254、G8、B14，在画面的左侧单击鼠标左键，效果如图2-21所示。

（7）使用同样方法，新建不同的图层。依次设置前景色为：红色（R254、G8、B14）；橙色（R254、G89、B8）；黄色（R251、G242、B5）；绿色（R28、G251、B5）；蓝色（R4、G50、B120）；青色（R9、G14、B197）；紫色（R164、G9、B197）；粉色（R251、G204、B223）。此时图层设置如图2-22所示，调整各层的位置，效果如图2-13所示。

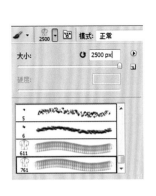

图2-20　　　　　　　　　　　图2-21　　　　　　　　　　　图2-22

2.2　CoreIDRAW 服饰色彩效果表现

2.2.1　同一色相配色

在同一色相中，色彩因明暗、深浅而产生的新色彩，归属同一色系，例如：蓝色系中，由暗蓝→深蓝→鲜蓝→浅蓝→淡蓝，同一色配色沉稳、安宁，秩序感强，可以降低配色的失败率。如图2-23所示为同一色相配色创意表现。

操作步骤如下：

（1）新建一个A4幅面的文件，执行"文件"/"导入"命令，导入素材图片，如图2-24所示。

图2-23　　　　　图2-24

（2）激活椭圆工具。在其属性栏中单击"饼形"按钮，设置"起始和结束角度"为90度，绘制四个饼形，效果如图 2-25 所示。

（3）激活滴管工具。依次选中图 2-24 中所涉及的几种颜色，此时在界面的右下角会出现每种颜色的数值，如图 2-26 所示；单击右下角色块，弹出如图 2-27 所示 CMYK 与 RGB 色彩模式的准确色值，并可通过改变数值来更正色差。

（4）颜色数值依次采集为 C40、M20、Y0、K40；C78、M46、Y4、K0；C37、M17、Y3、K0；C22、M8、Y5、K0。填充后效果如图 2-28 所示。

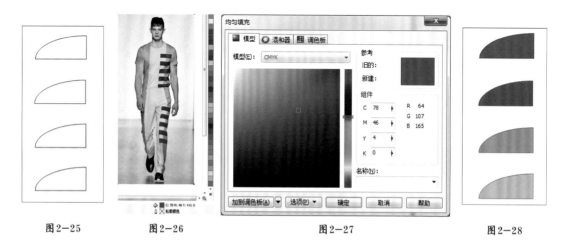

图2-25　　　　图2-26　　　　　　　　图2-27　　　　　　　　图2-28

（5）选中所有的饼形，激活轮廓笔工具。在弹出的对话框中设置如图 2-29 所示的参数，单击"确定"按钮即可；单击属性栏上的"水平镜像"按钮，完成图像水平翻转，效果如图 2-30 所示。

（6）执行"文件"/"导出"命令，根据需要设置如图 2-31 所示的参数。单击"确定"按钮，如图 2-23 所示，完成同一色相配色创意表现。

图2-29　　　　　　图2-30　　　　　　图2-31

2.2.2　类似色配色

在色相环中，相临近的色都是彼此的类似色，彼此之间都拥有一部分相同的色素。类似色配色主要是凭借共有的色素来产生调和的作用。通常采用类似色的搭配，色彩饱和度高、色阶明快，因此配色效果较为生动。

2.2.3　撞色配色

撞色是指色相环中的强对比色搭配，例如：黄色与紫色、红色与绿色、蓝色与橙色，这三种补色配色比较强烈，但是由于撞色之间对比强烈，易于产生色彩冲突，需要借助一些色彩来缓冲矛盾冲突，如适当搭配部分黑、白、灰等色彩来缓冲撞色之间的矛盾。撞色搭配效果视觉冲击力强，个性张扬，成为许多设计师表达个性的设计手法，为服装表现注入了更多张力。

2.2.4　节奏配色

在实际的服装配色实践中，有时会借用音乐舞蹈中的术语——"节奏"完成服饰配色，通过视觉上重复出现的强弱现象产生形色各异的节奏。在服饰配色中一般存在如下几种节奏形式。

1. 层次的节奏

利用光谱色相顺次排列，或同一色相按照不同明度、纯度阶梯状地连续起伏时所产生的节奏。如图 2-32 所示是按照光谱色顺序排列的节奏配色。

操作步骤如下：

（1）手绘服装的平面款式图，如图 2-33 所示。

（2）使用折线工具绘制封闭折线图形。填充如图 2-34 所示的红色，效果如图 2-35 所示。

（3）使用同样的方法，依次绘制不同折线封闭图形。然后填充不同颜色，效果如图 2-36 至图 2-44 所示。

图2-32

图2-33

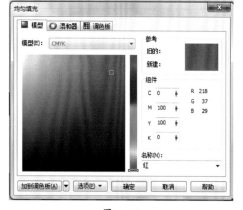

图2-34

图2-35

图2-36

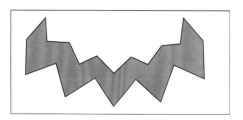

图2-37

图2-38

图2-39

图2-40

图2-41

图2—42 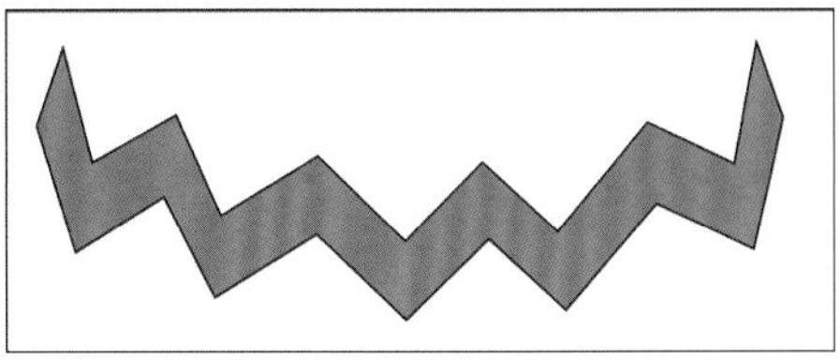　　　　　　　　　　图2—44

图2—43　　　　　　　　　　图2—45

（4）将所有折线图形紧密排列。为了保证排列的边缘曲线吻合，在调整过程中通过激活形状工具改变节点的位置，使其线条自然流畅，效果如图2-46所示。

（5）调整后的图形要与打开的平面款式图边缘相吻合，效果如图2-47所示。

图2—46

图2—47

（6）继续绘制如图2-48所示图形并填充颜色（C0、M100、Y100、K0）。激活轮廓笔工具，设置如图2-49所示参数；单击"确定"按钮，效果如图2-50所示。

图2—48

（7）复制该图形 5 次。颜色设置依次为：橘色（C0、M60、Y100、K0）；黄色（C0、M0、Y100、K0）；绿色（C100、M0、Y100、K0）；青色（C100、M0、Y0、K0）；蓝紫色（C40、M100、Y0、K0）。轮廓设置为"无"。整体效果如图 2-51 所示。

图2-49

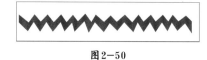

图2-50

图2-51

（8）将背景和服装平面款式图相结合，效果如图 2-52 所示。

（9）绘制立体头型。激活矩形工具，在其属性栏中设置"圆角半径"为30，绘制如图 2-53 所示的矩形并填充黑色。

（10）激活立体化调和工具。如图 2-54 所示按住鼠标左键拖移，在其属性栏中设置如图 2-55、图 2-56 所示的参数，效果如图 2-57 所示。立体头型和服装平面款式图、背景图组合效果如图 2-58 所示。

（11）绘制无轮廓矩形。填充颜色 C0、M0、Y0、K30（图 2-59），调整前后位置，最终光谱色节奏配色效果如图 2-32 所示。

图2-52

图2-53

图2-54

图2-55

图2—56　　　　　　图2—57　　　　　　图2—58　　　　　　图2—59

2. 装饰色的节奏

在服装领口、袖口、前襟、下摆、口袋等处饰以同色装饰，以重复点缀形式来加强视觉印象。

3. 色彩呼应的节奏

配色之间互相呼应，寻求"你中有我，我中有你"的视觉效果，例如选取服装上某种色彩作为配件，如头巾、围巾、手包、项链等色彩。这种色彩搭配的方法易于寻求色彩之间的调和，使服装整体色调完整、和谐，同时也能产生节奏感。

2.2.5　色彩平衡配色

在服装配色原理中，平衡配色是指色彩在人们视觉心理上产生的安定性。在视觉上，色彩除了具备色相、明度、纯度等色彩属性外，另外还给人以心理上冷暖、前后和轻重的感觉，如：高明度色彩感觉轻，低明度色彩感觉重；红黄色系为暖色，青紫色系为冷色；高纯度、高明度色彩具有前进感；低纯度、低明度色彩具有后退感等。因此，服装配色会出现平衡或不平衡的感觉。服装产品设计者需在配色时注意色彩之间的微妙关系，避免出现色彩不平衡的问题。

2.2.6　统调配色

服装配色经常遇到如多色搭配实例，多种色彩混杂在一起时，易缺乏一定的秩序感、统一感。如果要使服装产品色彩产生新的视觉效果，则在配色时应选择统调配色的方法，否则会引起色彩混乱的问题。如图 2-60 所示，通过提炼复杂色彩中的部分色彩，作为配饰或部分服装的色彩，强化色彩协调，从而产生整体的感觉。

操作步骤如下：

（1）打开一张如图 2-61 所示只有几何图案的上衣图片，其他部分为线描稿的素材。

（2）激活颜色滴管工具。选取上衣中的蓝紫色（C76、M98、Y44、K10）；然后使用选择工具，选择短裤轮廓部分，填充蓝紫色，效果如图 2-62 所示。

（3）使用同样的方法，选取上衣中的黄绿色（C9、M0、Y80、K0）；然后选择打底裤轮廓部分，填充黄绿色，效果如图 2-63 所示。

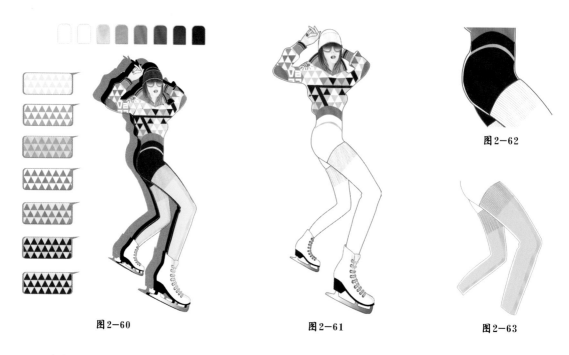

图2-60　　　　　　　　图2-61　　　　　　　　图2-62

图2-63

（4）使用同样的方法，选取上衣中的蓝紫色（C76、M98、Y44、K10）；然后选择帽子轮廓部分，填充蓝紫色，效果如图 2-64 所示。

（5）使用同样方法，选取上衣中的白色（C0、M0、Y0、K0）；然后选择鞋子轮廓部分，填充白色，效果如图 2-65 所示。

图2-64

图2-65

（6）选择整个图形，执行 Ctrl+C、Ctrl+V 命令。然后将所选图形填充黑色（C0、M0、Y0、K100），作为黑色的背影，效果如图 2-66 所示。

（7）选择黑色的背影图形，执行 Ctrl+C、Ctrl+V 命令。将所选图形填充 40% 黑（C0、M0、Y0、K40），则灰色背影效果如图 2-67 所示；将原图和黑色、灰色背影进行组合，依次调整前后关系，效果如图 2-68 所示。

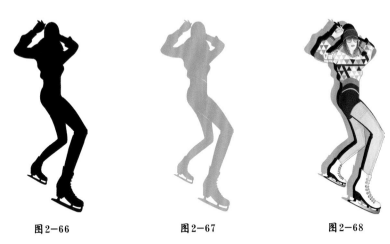

图2-66 图2-67 图2-68

（8）设置辅助线，激活矩形工具。在其属性栏中设置矩形的上面两个圆角参数为"60"，然后复制 7 个圆形矩形，填充颜色依次设置为：C0、M0、Y0、K0；C0、M0、Y20、K0；C0、M20、Y20、K0；C2、M43、Y79、K0；C0、M60、Y100、K0；C35、M70、Y100、K2；C100、M96、Y0、K0；C76、M98、Y44、K10。将这 8 个图形颜色进行依次填充，效果如图 2-69 所示。

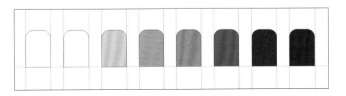

图2-69

（9）激活轮廓笔工具。在弹出的对话框中设置轮廓为"无"，将所有的圆角矩形的黑色框去掉，效果如图 2-70 所示。

图2-70

（10）激活阴影工具。在其属性栏中设置如图 2-71 所示参数，依次选中圆角矩形，在圆角矩形的中间位置拖动，效果如图 2-72 所示。

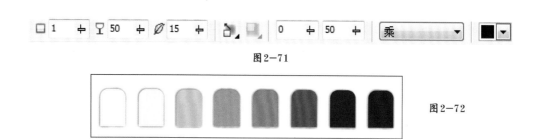

图2-71

图2-72

图2-73

（11）下面主要绘制上衣所涉及的几何图案。激活矩形工具，绘制如图 2-73 所示的圆角矩形，4 个圆角设置为 30。激活多边形工具，绘制多个三角形，其排列效果如图 2-74 所示（对于其中一些无规则的三角形，可以利用形状工具调整节点即可）。

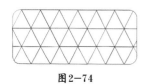

图2-74

（12）激活颜色滴管工具。选取圆角矩形中的白色、黄绿色（C0、M0、Y0、K0，C9、M0、Y80、K0），依次交叉填充两色，效果如图 2-75 所示。

（13）绘制如图 2-76 所示的图形并填充 40% 黑色。将图案和灰色背景进行组合，效果如图 2-77 所示。

图2-75

图2-76

图2-77

（14）依次复制上述图形，改变色彩设置：（C0、M0、Y20、K0；C2、M43、Y79、K0），（C0、M20、Y20、K0；C2、M43、Y79、K0），（C0、M0、Y0、K0；C0、M60、Y100、K0），（C9、M0、Y80、K0；C0、M60、Y100、K0），（C0、M20、Y20、K0；C76、M98、Y44、K10），（C9、M0、Y80、K0；C76、M98、Y44、K10）。其效果如图 2-78 至图 2-83 所示。

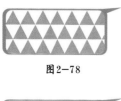

图2-78

图2-79

图2-80

图2-81

图2-82

图2-83

将所有的圆角矩形、几何图形、完整效果图、灰色、黑色背景进行组合，最终完成统调配色，效果如图 2-60 所示。

2.2.7 强调点缀配色

单一色彩的服装给人一种单调、乏味的感觉，设计者为弥补整体服装色彩的简单、朴素，在进行服装配色时，可以在服装的某一细节部位选用特别的色彩，突出服装的视觉冲击效果，此种配色设计称为强调点缀配色。图 2-84 所示为强调配色的运用。运用强调配色时，要注意下列搭配原则。

（1）强调色的面积不宜太大，以免喧宾夺主。

（2）强调色必须比服装上其他色彩更鲜艳。

（3）强调色可选择整体服装色调的对比色彩。

图2-84

2.2.8 分离配色

服装配色时，会出现色彩不调和、关系暧昧等配色失败案例，如何解决配色失败问题，可以选用分离色彩来弥补配色的缺陷。无彩色或者一些特殊色彩大多被选作分离色彩，如金、银、黑、白、灰等色。分离色彩多以线、面的形式存在，如线采用直线、曲线、粗线、窄线来分离对立或暧昧的色彩。色彩分离后会产生不同的视觉效果，例如采用白色分离形式来缓冲服装对比配色，如图 2-85 所示。

图2-85

课后练习

选取 4 张主题明确的图片，提炼其中色彩，进行服饰配色设计方案练习。

第三章 服饰的图案

图案是一种既具古代色彩又具现代韵味的装饰艺术，是对某种物象形态进行精炼概括，使其兼具艺术与装饰特点。当图案运用在服饰产品上，就形成了服饰图案。随着服饰产品日趋多样化以及受图案流行趋势的影响，图案运用已成为服饰产品设计中不可忽视的内容。

图案在服饰产品设计中的应用极其广泛，可用于服饰产品的局部，也可应用于整体，使整体设计更具张力。一方面可丰富服装的装饰性，另一方面还可弥补由于款式造型简洁、结构工艺简单、人体形象缺陷的不足。

本章主要讲述 Photoshop/CorelDRAW 服饰图案创意表现及运用，主要包括方形图案、四方连续图案、圆形图案及二方连续图案。此外，由于图案形式涉及面比较广，服饰图案还会涉及经典、人物、卡通、花卉及几何图案的创意表现与应用。

3.1 Photoshop 图案的设计

3.1.1 方形图案

几何图案是一种最为常见的艺术表现形式，在古老的木刻、蜡染、壁画上都能看到几何图案的影子。几何图案不是简单的组合，而是带有一种特殊的韵律，它能给人以平和、温馨、唯美的视觉快感，而方形图案则是最为常见的一种图案。下面主要讲述如何利用 Photoshop 制作方形图案并将其运用在服装设计中（图 3-1）。

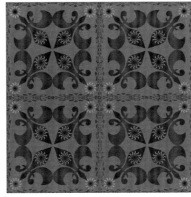

图 3-1

操作步骤如下：

（1）新建文件，其参数设置如图 3-2 所示。

（2）执行"视图"/"标尺"命令。将鼠标指向标尺，按住左键拖出辅助线，效果如图 3-3 所示。

（3）激活"自定义形状"工具。如图 3-4 所示在其属性栏中单击"路径"按钮并选择"百合花饰"；按住 Shift 键，拖动鼠标左键绘制如图 3-5 所示的图案。

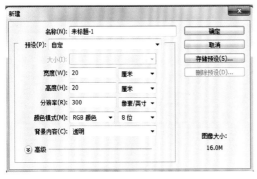

图 3-2

图 3-3

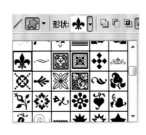

图 3-4

（4）执行"编辑"/"自由变换"命令。在其属性栏中设置变换角度为顺时针旋转135°，激活路径挑选工具，选择该路径并调至合适位置，效果如图3-6所示。

（5）激活路径选择工具。右键单击路径选择"建立选区"命令。新建"图层1"，激活渐变工具，单击属性栏上的"渐变编辑器"，在弹出的对话框中设置如图3-7所示的渐变色，单击"确定"按钮，效果如图3-8所示。

（6）使用同样方法选择如图3-9所示的"装饰花饰"。设置如图3-10所示的渐变色，新建"图层2"，填充渐变色。然后执行"编辑"/"自由变换"命令，调整图形比例，将图形移动到合适的位置，效果如图3-11所示。复制"图层2"为"图层2副本"，效果如图3-12所示。

图3-5

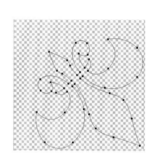

图3-6

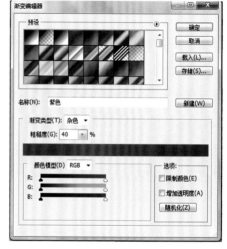

图3-7

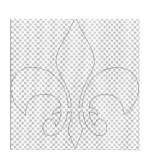

图3-8

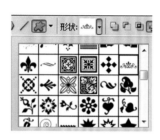

图3-9

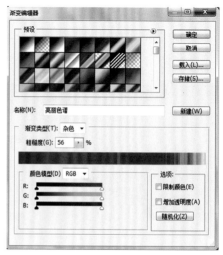

图3-10

图3—11   图3—12

（7）如图3-13所示，继续选择太阳花饰，绘制如图3-14所示的图案；设置如图3-15所示的渐变色；新建"图层3"，使用同样方法，填充渐变色并调整大小，效果如图3-16所示。

（8）将百合花饰、装饰、太阳花进行组合，合并4个图层并命名为"百合花饰"，效果如图3-17所示。

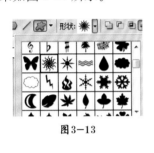

图3—13

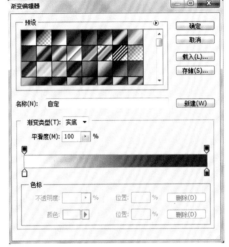

图3—14

图3—16

图3—15

图3—17

（9）在"图层"面板中复制百合花饰为"百合花饰 副本"图层。执行"编辑"/"变换"/"水平翻转"命令，调整至合适位置，效果如图3-18所示；此时"图层"面板设置如图3-19所示。

（10）使用同样的方法，合并2个图层，复制后调整位置，效果如图3-20所示。

图3—18

图3—19

图3—20

（11）激活矩形选框工具，将图案框选。执行"编辑"/"定义图案"命令，在弹出的对话框中设置如图3-21所示的参数，单击"确定"按钮即可；执行"编辑"/"填充"命令，在弹出的对话框中（图 3-22），选择刚刚定义的图案，单击"确定"按钮即可。如图 3-1 所示的方形图案即可运用在服装的效果展示上。

图 3-21   图 3-22

3.1.2 四方连续图案

四方连续图案是由一个或几个纹样组成的单位，向四周重复地连续和延伸扩展而形成的图案形式，见图 3-23。四方连续图案被广泛运用于服装设计中，下面主要讲述利用 Photoshop 制作四方连续图案并将其运用在服装设计中。

图 3-23

操作步骤如下：

（1）新建文件，其参数设置如图 3-24 所示。

（2）执行"视图"/"显示"/"参考线"或"视图"/"新建参考线"命令。如图 3-25 所示，分别在正方形的 1 厘米、9 厘米处建立参考线。

（3）打开素材库，选取心形素材，如图 3-26 所示。

（4）将心形图案拷贝至新建文件中。按 Ctrl+T 组合键，然后按住 Shift 键，调整心形素材图案的大小与位置，效果如图 3-27 所示。

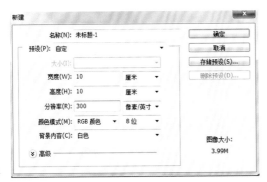

图3-24 　　　　　　　　　　　　　　　　　　　　　　　　　图3-25

（5）四方连续图案讲究的是向四周延续，对四条边线上的接口的局部图案进行精确计算，才能使制作出的图案紧密地相互衔接。激活矩形选框工具，如图 3-28 所示，框选小的蓝色心形的部分图案。

（6）按住 Shift 键，同时按住键盘的水平移动按钮将其水平移动到右侧，从而保证单元图案相互衔接，效果如图 3-29 所示。

（7）使用同样的方法，分别框选工具小的黄色、绿色心形的部分图案并做上下移动，效果如图 3-30、图 3-31 所示。

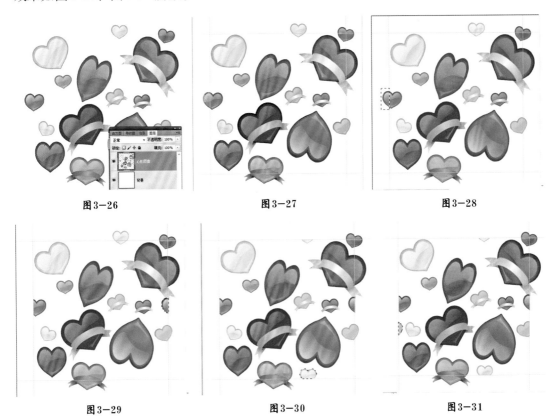

图3-26 　　　　　　　　　　图3-27 　　　　　　　　　　图3-28

图3-29 　　　　　　　　　　图3-30 　　　　　　　　　　图3-31

（8）使用同样方法，选择橘色丝带心形的部分图案，作向上移动，保证单元图案相互衔接，效果如图 3-32 所示。

（9）对于右上角的红色心形则经过 3 次移动后，效果如图 3-33 所示。

（10）最后调整紫色丝带心形的部分图案，效果如图 3-34 所示，完成单元心形图案的设计。

图3-32

图3-33

图3-34

图3-35

（11）执行"图像"/"调整"/"画布大小"命令。在弹出的对话框中，根据设计需要设置如图 3-35 所示的参数，单击"确定"按钮即可。

（12）按照横向 3 组，纵向 5 组依次复制心形图案，调整至合适位置，确保心形的衔接，最终完成心形四方连续图案的制作，将心形四方连续图案运用在服装设计中，展示效果如图 3-23 所示。

3.2　CorelDRAW 图案的设计

3.2.1　圆形图案

圆形图案也是服装设计中经常运用的形式，它可以全身运用，也可局部运用。下文主要讲述利用 CorelDRAW 制作圆形图案的方法及其在服装局部的应用效果，如图 3-36 所示。

操作步骤如下：

（1）创建新文件，其参数设置如图 3-37 所示。

图3-36　　　　　　　　　　　　　　　　　　　图3-37

（2）激活贝塞尔工具。先用直线绘制图形的外形，如图 3-38 所示；激活形状工具，单击鼠标右键，在弹出的对话框中选择"转换为曲线"选项，然后利用节点的删除和添加工具，调整直线为圆滑曲线，效果如图 3-39 所示。

（3）选中该图形，执行 Ctrl+C、Ctrl+V 命令，复制并粘贴该图形。单击属性栏中的"水平翻转"按钮，调整位置，效果如图 3-40 所示。

（4）激活选择工具。将左右两个图形全选，单击属性栏中的"焊接"（合并）按钮，效果如图 3-41 所示，最终形成单一的可填充的封闭曲线轮廓对象。

（5）选中该图形，激活工具箱中的渐变填充工具。在其弹出的渐变填充对话框中，设置如图 3-42 所示的参数；单击"确定"按钮，填充效果如图 3-43 所示。

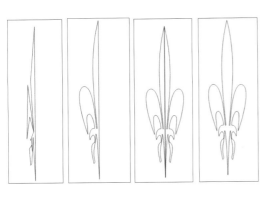

图3-38　　　图3-39　　　图3-40　　　图3-41　　　　　　图3-42　　　　　　图3-43

（6）激活贝塞尔工具。重新绘制图形的中心部分形状，设置如图 3-44 所示的渐变填充参数，单击"确定"按钮，效果如图 3-45 所示；调整图形位置，效果如图 3-46 所示。

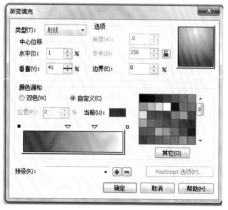

图 3-44　　　　　　　　图 3-45　　　　　图 3-46

（7）激活六边形工具。按住 Ctrl 键绘制正六边形，如图 3-47 所示；激活变形工具，在其属性栏中，设置"推拉振幅"参数为"-20"，如图 3-48 所示，将结果复制并命名为 A 图。

（8）激活轮廓图工具。设置属性栏参数，或通过调整加速器中的"对象"滑块来设置"轮廓图步长"参数，效果如图 3-49 所示，并命名为 B 图。

（9）选择 A 图，激活轮廓笔颜色工具，选择轮廓颜色为 C0、M100、Y0、K0。同时选择 A、B 两图，执行"排列" / "对齐与分布"命令，在弹出的对话框中（图 3-50），选择"对齐"按钮即可。执行"排列" / "锁定对象"命令，将 A 图锁定。

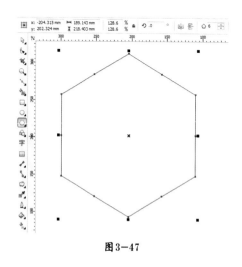
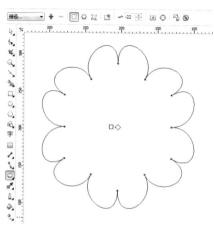

图 3-47　　　　　　　　　　　　图 3-48

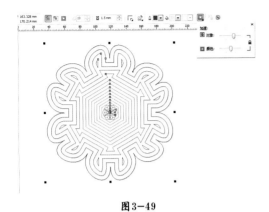

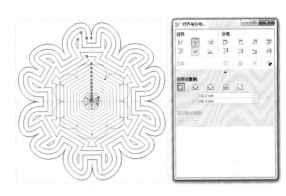

图3-49 图3-50

（10）选择 B 图，执行"排列"/"转化为曲线"命令。然后全选 B 图，执行"排列"/"拆分轮廓图群组"命令，将其分离。

（11）激活选择工具，首先单击外围轮廓线，填充颜色 C0、M100、Y0、K0，效果如图 3-51 所示。

（12）继续单击内部任意一曲线，填充颜色 C20、M80、Y0、K20，效果如图 3-52 所示。

（13）激活选择工具。单击内部任意一条曲线，执行"排列"/"取消群组"命令，然后框选除外围两层外的其他轮廓，填充颜色 C0、M20、Y20、K0，效果如图 3-53 所示。

（14）将完成的所有图案重新组合，效果如图 3-54 所示。框选该图案，然后将其群组。

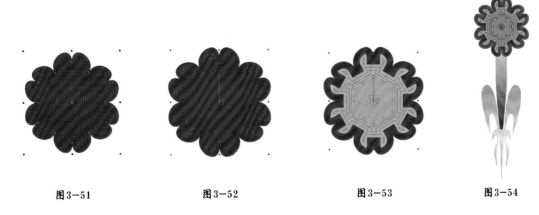

图3-51 图3-52 图3-53 图3-54

（15）复制群组后的图案，然后将其垂直翻转，调整位置，效果如图 3-55 所示。

（16）执行"窗口"/"泊坞窗"/"变换"/"旋转"命令。在其对话框中设置如图 3-56 所示的参数，单击"确定"按钮，效果如图 3-57 所示。

（17）将圆形图案运用在男装设计中，效果如图 3-36 所示。

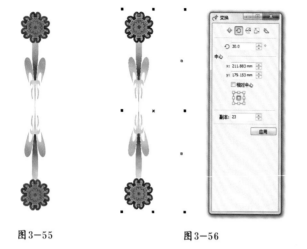

图3-55　　　　　　　　　图3-56　　　　　　　　　图3-57

3.2.2　二方连续图案

二方连续图案是以一个或几个单位纹样，在两条平行线之间的带状形平面上，作有规律的排列并以向上下、左右两个方向无限连续构成带状形纹样，称为二方连续图案。二方连续图案具有重复出现的旋律和节奏感。图3-58所示为与羊有关的二方连续图案。

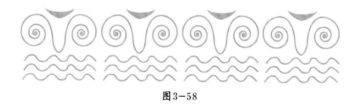

图3-58

操作步骤如下：

（1）创建新文件，其参数设置如图3-59所示。

（2）激活螺纹工具。如图3-60所示，设置属性栏中的相应参数并绘制螺旋。

（3）激活轮廓笔工具。在弹出的对话框中，设置如图3-61所示的参数，单击"确定"按钮，螺旋形状效果如图3-62所示。

（4）单击属性栏中"垂直翻转"按钮，效果如图3-63所示；选择该图形，激活形状工具，调整图形尾部的曲线形式，效果如图3-64所示。

（5）复制该图形并单击属性栏上的"水平翻转"按钮，调整位置，效果如图3-65所示。

（6）激活贝塞尔工具。绘制如图3-66所示的轮廓纹样，并填充与轮廓相同颜色。

图3-59

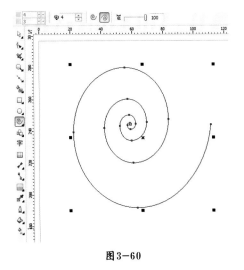

图3-60

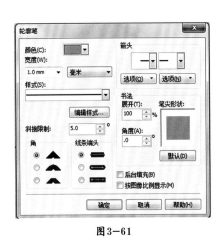

图3-61

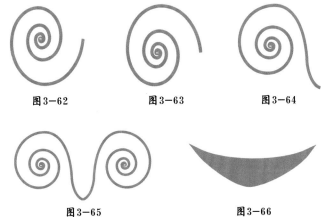

图3-62　　　　图3-63　　　　图3-64

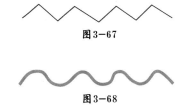

图3-65　　　　　　　图3-66

（7）使用折线工具绘制如图3-67所示的折线；激活形状工具，调整折线为圆滑曲线，设置相同的轮廓笔参数，效果如图3-68所示。

（8）复制该图形三次，移动曲线位置，其排列效果如图3-69所示。将所有图形重新组合，效果如图3-70所示。将该图形框选并群组（Ctrl+G），复制四次，调整位置，效果如图3-58所示。

图3-67

图3-68

在进行服装设计时，二方连续图案可以运用于服装全身设计，也可以用于局部饰边设计。本案例将二方连续图案运用于服装的全身和局部，具体完成效果如图3-71所示。

图 3-69

图 3-70

图 3-71

　　此外，图案形式涉及面比较广，服饰图案还会涉及经典、几何、人物、花卉、卡通、图案的创意表现与应用。如图 3-72 所示为格子图案的创意表现和运用；如图 3-73 所示为几何形图案的创意表现和运用；如图 3-74 所示为动物图案的创意表现与运用；如图 3-75 所示为印花图案的创意表现与运用。

图 3-72

图 3-73

图3-74

图3-75

课后练习

　　利用 Photoshop 软件绘制 2 张四方连续图案。工厂的印花排版都采用这种四方延伸的图案形式，实操性较强，建议加强练习。

第四章　服装平面款式图

　　对于服装设计的从业者和设计专业的学生来说，绘制电脑服装款式图是必要的基本功。电脑服装款式图以其方便、快捷、灵活而深受服装设计者的喜欢，它可以快速地描绘服装的款式特征，省时而灵活。既可以随时调整服装的细节变化，也可随时更换服装的色彩与面料。

　　目前，常用的服装款式图风格大致上分为两种，一种是单纯的、简笔风格服装款式图，此类风格款式图形式比较规整，讲究对称，多以服装悬挂的形式出现，也是设计者比较常用的，但是缺少灵动感，较为拘谨；另一种是动态风格款式图，此类风格款式图已经兼具效果图功能，优势在于设计感强，比较灵动、新颖，服装款式已经加入人体的动态，服装体感、动感、质感明显，但是绘制时间较简笔风格长。

4.1 CorelDRAW 不同风格的服装款式图设计

相对于 Photoshop 这款位图软件而言，CorelDRAW 或 AI 软件绘制的图形则是矢量图形，具备无限放大而不变形的特点，服装设计者多选择用矢量软件绘制平面款式图，这些软件绘制的平面款式图可随时更换款式，调换款式色彩和面料，省时、省力，直观视觉效果明显，带有部分手绘特征，如图 4-1 所示。下文将对其一一解析。

图 4—1

4.1.1 简笔风格平面款式图

简笔风格平面款式图的设计与操作步骤如下：

（1）新建文件，其参数设置如图 4-2 所示。

（2）激活贝塞尔工具。首先用直线绘制右衣片的原形，然后设置属性栏中线的轮廓宽度为 0.5 毫米，填充白色，效果如图 4-3 所示。

（3）激活形状工具。利用该工具可添加和删除节点，然后将节点曲线化后，调整节点，使线条自然流畅，效果如图 4-4 所示。

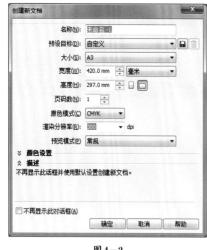

图 4-2

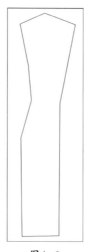

图 4-3

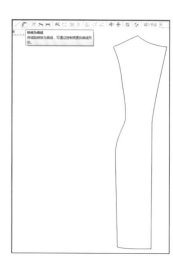

图 4-4

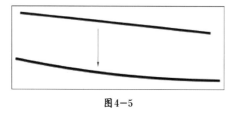

图 4-5

（4）添加右衣片的细节。如图 4-5 所示，使用同样的方法绘制腰部分割线，线的轮廓宽度设置为 0.2 毫米，此时，右衣片腰线在衣身的整体效果如图4-6所示。

（5）绘制公主线。如图 4-7 所示，使用同样的方法切出公主分割线，线的轮廓宽度设置为 0.2 毫米；此时，公主线在衣身的整体效果如图 4-8 所示。

（6）绘制右衣片口袋。激活贝塞尔工具，首先绘制口袋直线外形，线的轮廓宽度设置为 0.2 毫米，填充白色，效果如图 4-9 所示；然后通过使用形状工具添加和删除节点，使曲线圆滑与流畅，效果如图 4-10 所示；此时，右衣片口袋在衣身的整体效果如图 4-11 所示。

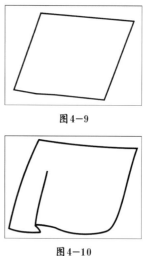

图 4-9

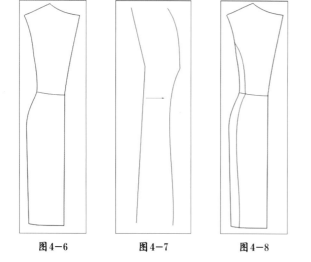

图 4-6   图 4-7   图 4-8   图 4-10

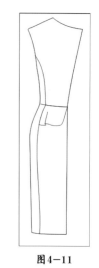

图 4-11

（7）绘制腰部装饰。激活贝塞尔工具，首先绘制腰部直线外形，线的轮廓宽度设置为 0.2 毫米，填充白色，效果如图 4-12 所示；然后通过使用形状工具添加和删除节点，使曲线圆滑与流畅，效果如图 4-13 所示；此时，腰部装饰在衣身的整体效果如图 4-14 所示。

（8）绘制大衣的前暖片装饰。激活贝塞尔工具，首先绘制前暖片直线外形，线的轮廓宽度设置为 0.2 毫米，填充白色，效果如图 4-15 所示；然后通过使用形状工具添加和删除节点，使曲线圆滑与流畅，效果如图 4-16 所示；此时，前暖片在衣身的整体效果如图 4-17 所示。

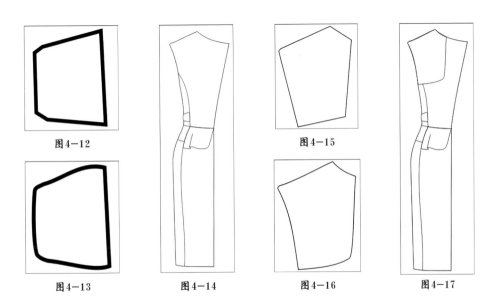

图4-12　　　　　　图4-14　　　　图4-15　　　　　图4-17

图4-13　　　　　　　　　　　　图4-16

（9）绘制大衣右边袖子。激活贝塞尔工具，首先绘制右边袖子直线外形，线的轮廓宽度设置为 0.2 毫米，填充白色，效果如图 4-18 所示；然后通过使用形状工具添加和删除节点，使曲线圆滑与流畅，效果如图 4-19 所示；此时，右边袖子在衣身的整体效果如图 4-20 所示。

（10）绘制大衣领面。激活贝塞尔

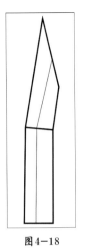
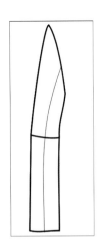
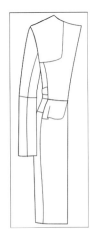

图4-18　　　　　图4-19　　　　　图4-20

工具，首先绘制领面直线外形，线的轮廓宽度设置为 0.2 毫米，填充白色，效果如图 4-21 所示；然后通过使用形状工具添加和删除节点，使曲线圆滑流畅，效果如图 4-22 所示。

（11）绘制大衣领座。激活贝塞尔工具，首先绘制领座外形，线的轮廓宽度设置为 0.2 毫米，填充白色，效果如图 4-23 所示；然后通过使用形状工具添加和删除节点，使曲线圆滑与流畅，效果如图 4-24 所示；将领面和领座二者重新调整位置，效果如图 4-25 所示。此时，衣身的整体效果如图 4-26 所示。

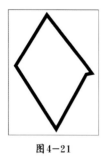 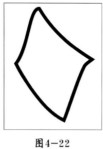 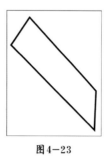 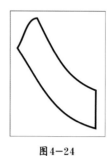 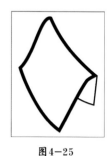

图4-21   图4-22   图4-23   图4-24   图4-25

（12）绘制腰带。激活贝塞尔工具，首先绘制腰带外形，线的轮廓宽度设置为 0.2 毫米，填充白色，效果如图 4-27 所示；然后通过使用形状工具添加和删除节点，使曲线圆滑流畅，效果如图 4-28 所示。此时，腰带在衣身的整体效果如图 4-29 所示。

（13）选中款式右半边所有图形，然后将其群组（Ctrl+G）。复制并粘贴该图形，单击属性栏中的"水平镜像"按钮，水平向右移动调整位置，效果如图 4-30 所示。此时，单

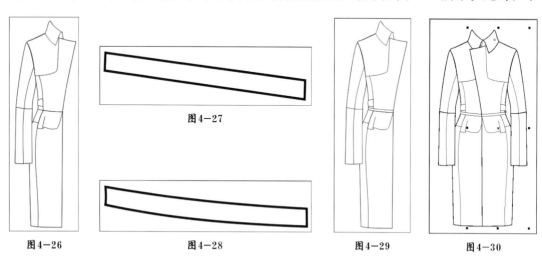

图4-26   图4-27   图4-28   图4-29   图4-30

击鼠标右键，在弹出的对话框中选择"顺序"/"到页面后面"选项，效果如图 4-31 所示。仔细观察可以发现衣领被压在衣服的后面，选择左半边衣服，单击鼠标右键，在弹出的对话框中选择"取消群组"选项，然后调整衣领前后顺序，效果如图 4-32 所示。

（14）绘制后领。激活贝塞尔工具，首先绘制后领外形，线的轮廓宽度分别设置为 0.5 毫米、0.2 毫米，如图 4-33 所示；然后通过使用形状工具添加和删除节点，使曲线圆滑流畅，调整其位置及前后顺序即可，后领效果如图 4-34 所示。

（15）绘制腰带扣。激活矩形工具，绘制两个圆角矩形，如图 4-35 所示；将两个矩形中心对齐叠加，同时选择两个矩形，单击属性栏上的"修剪"按钮，如图 4-36 所示，完成腰带框；激活渐变填充工具，渐变填充效果及渐变设置如图 4-37 所示；将腰带扣轮廓宽度设置为发丝，其在衣身上展示效果如图 4-38 所示，最终完成如图 4-1 所示大衣的简笔式平面款式图。

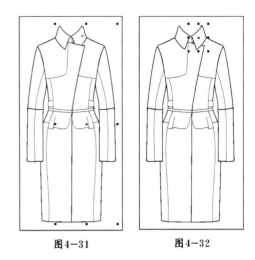

图 4-31　　　　　　　图 4-32

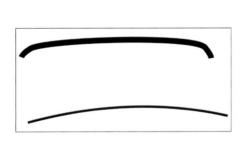

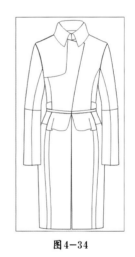

图 4-33　　　　　　　　图 4-34

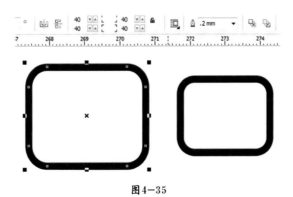

图 4-35

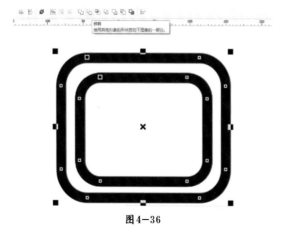

图4—36

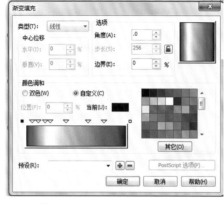

图4—37

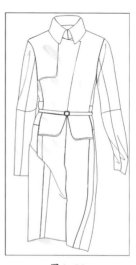

图4—38

4.1.2　动态风格平面款式图

　　动态风格平面款式图的设计与操作步骤请扫二维码
在线学习。完成效果如图4-39所示。

图4—39

4.2　Photoshop 不同风格的平面款式图设计

　　Photoshop 同样可以绘制服装款式图，其绘制款式图用时较短，款式色彩、面料也可以改变，但是如果改变款式形状则比较费时，这由于 Photoshop 主要的功能在于图像处理的缘故，并不擅长造型功能，因此绘制服装款式图时使用较少该软件。如图 4-40 所示，利用 Photoshop 绘制的服装款式图。

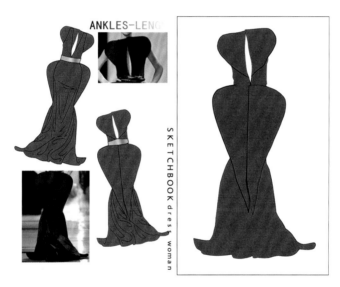

图4-40

4.2.1　红色爱心礼服正面动态款式图

　　红色爱心礼服正面动态款式图的设计与操作步骤如下：

　　（1）新建文件，其参数设置如图 4-41 所示。

　　（2）新建图层并命名为"爱心礼服上半身右半部分心形"。激活钢笔路径工具，在路径浮动面板中新建路径。首先用直线路径绘制礼服原形，效果如图 4-42 所示；然后利用添加和删除锚点工具，修改和完善路径形状，效果如图 4-43 所示，同时在"路径"面板中将绘制的路径命名为"爱心礼服上半身右半部分心形路径"。

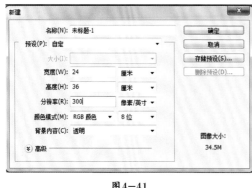

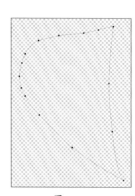

图4-41	图4-42	图4-43

（3）激活毛笔工具。单击属性栏中的画笔设置按钮，如图 4-44 所示设置画笔参数。在"路径"面板中单击鼠标右键，在弹出的下拉菜单中选择"描边路径"选项，单击"确定"按钮，效果如图 4-45 所示。

（4）在"路径"面板中单击鼠标右键，在弹出的下拉菜单中选择"建立选区"选项，将路径转换为选区；复制"爱心礼服上半身右半部分心形图层"，定义为"爱心礼服上半身右半部分心形 副本"。执行"编辑"/"填充"命令，将选区填充红色（R249、G6、B40），效果如图 4-46 所示；"路径"面板的设置如图 4-47 所示。

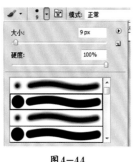

图4-44	图4-45	图4-46	图4-47

（5）新建图层并命名为"爱心礼服上半身右半部分心形内衬"。使用相同方法，绘制礼服原形，效果如图 4-48 所示；调整曲线路径后执行"描边路径"命令，其他参数同上，效果如图 4-49 所示。

（6）创建副本层。使用同样的方法将该路径转换为选区并填充红色（R249、G6、B40），同时激活橡皮擦工具，擦除部分多余的线，效果如图 4-50 所示。

（7）新建图层并命名为"爱心礼服上半身左半部分心形"。使用相同的方法绘制礼服原形，效果如图 4-51 所示；调整曲线路径后执行"描边路径"命令，其他参数同上，效果如图 4-52 所示。

 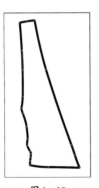   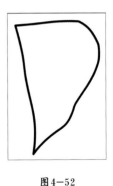

图4-48   图4-49   图4-50   图4-51   图4-52

（8）创建副本层。使用同样的方法将该路径转换为选区并填充红色（R249、G6、B40），同时擦除部分多余的线，效果如图4-53所示。

（9）新建图层并命名为"爱心礼服上半身左半部分心形内衬"。使用相同的方法绘制礼服原形，效果如图4-54所示；调整曲线路径后执行"描边路径"命令，其他参数同上，效果如图4-55所示。

（10）创建副本层。使用同样的方法将该路径转换为选区并填充红色（R249、G6、B40），同时擦除部分多余的线，效果如图4-56所示。

（11）新建图层并命名为"爱心礼服下半身爱心右半边"。利用相同的方法绘制礼服原形，效果如图4-57所示；调整曲线路径后执行"描边路径"命令，其他参数同上，效果如图4-58所示。

  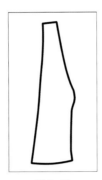  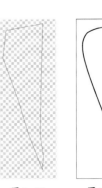

图4-53   图4-54   图4-55   图4-56   图4-57   图4-58

（12）创建副本层。同样方法将该路径转换为选区并填充红色（R249、G6、B40），同时擦除部分多余的线，效果如图4-59所示。

（13）新建图层并命名为"爱心礼服下半身爱心左半边绘制"。利用相同的方法绘制礼服原形，效果如图4-60所示；调整曲线路径后执行"描边路径"命令，其他参数同上，效果如图 4-61 所示。

(14) 使用同样的方法将该路径转换为选区并填充红色 (R249、G6、B40)，同时擦除部分多余的线，效果如图 4-62 所示。

(15) 新建图层并命名为"爱心礼服下半身内衬"。使用相同的方法绘制礼服原形，效果如图 4-63 所示；调整曲线路径后执行"描边路径"命令，其他参数同上，效果如图 4-64 所示。

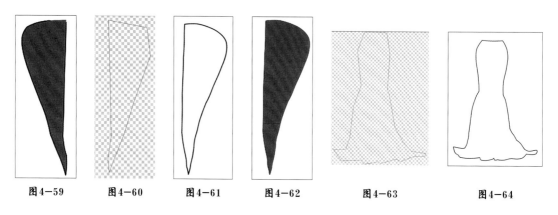

图4—59   图4—60   图4—61   图4—62   图4—63   图4—64

(16) 创建副本层。使用同样的方法将该路径转换为选区并填充红色 (R249、G6、B40)，同时擦除部分多余的线，效果如图 4-65 所示。

(17) 新建图层并命名为"爱心礼服下半身下摆的褶饰"。激活钢笔路径工具，在路径浮动面板中新建路径，首先用直线路径绘制礼服原形，然后利用添加和删除锚点工具，修改和完善路径形状，设置"描边路径大小"为 6 像素，效果如图 4-66 所示。在绘制皱褶时，每条褶都要新建路径。此时礼服效果如图 4-67 所示，路径面板如图 4-68 所示。

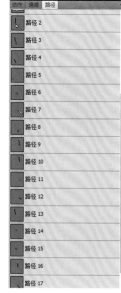

图4—65   图4—66   图4—67   图4—68

（18）新建图层并命名为"腰带装饰"。激活钢笔路径工具，在"路径"面板中新建路径。首先用直线路径绘制礼服原形，效果如图 4-69 所示，然后利用添加和删除锚点工具，修改和完善路径形状，单击鼠标右键将路径转化为选区，设置描边参数如图 4-70 所示，单击"确定"按钮，效果如图 4-71 所示。

（19）激活魔术棒工具。单击腰带的内部区域，形成新的选区。激活渐变填充工具，设置如图 4-72 所示的参数；选择"线性渐变"方式，其填充效果如图 4-73 所示。

（20）此时，整体效果如图 4-40 所示；图层设置如图 4-74 所示；关闭添色图层，线描效果如图 4-75 所示。

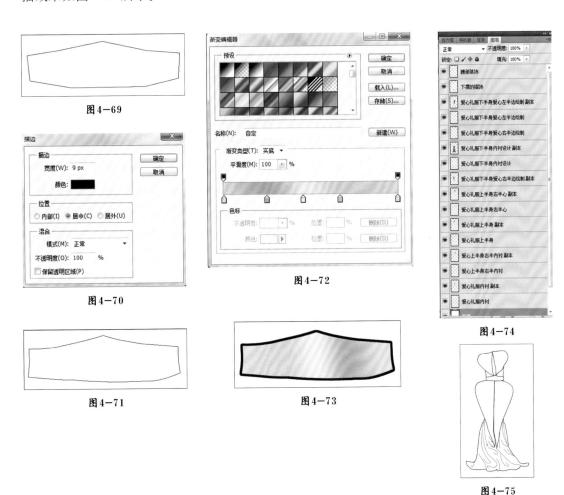

图4-69

图4-70

图4-72

图4-71

图4-73

图4-74

图4-75

4.2.2 红色爱心礼服背面动态款式图

红色爱心礼服背面动态款式图的设计与操作步骤如下：

（1）打开图 4-40 中的第二幅图，并重新命名为"红色爱心礼服背面动态款式图"（图

4-76）。关闭除"爱心礼服上半身左半部分心形内衬"和"爱心礼服上半身左半部分心形内衬 副本"层外的其他层。同时选择两个图层，执行"编辑"/"变换"/"水平翻转"命令，效果如图4-77所示。

（2）关闭除"让礼服上半身右半部分心形内衬、礼服上半身右半部分心形内衬"图层外的其他层。同时选择两个图层，执行"编辑"/"变换"/"水平翻转"命令，效果如图4-78所示。调整二者之间的位置，效果如图4-79所示。

图4-76

图4-77

图4-78

图4-79

（3）关闭除"爱心礼服上半身右半部分心形"和"爱心礼服上半身右半部分心形副本"图层外的其他层。同时选择两个图层，执行"编辑"/"变换"/"水平翻转"命令，效果如图4-80所示。

（4）关闭除"爱心礼服上半身左半部分心形、爱心礼服上半身左半部分心形副本层"外的其他层。同时选择两个图层，执行"编辑"/"变换"/"水平翻转"命令，效果如图4-81所示。调整二者之间的位置，效果如图4-82所示。

图4-80

图4-81

图4-82

（5）此时"图层"面板如图4-83所示排列顺序，其局部效果如图4-84所示。仔细调整如图4-85所示图层的顺序，效果如图4-86所示。

图4-83

图4-84

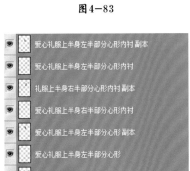

图4-85

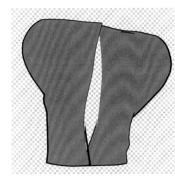

图4-86

（6）关闭除"爱心礼服下半身爱心右半边绘制"和"爱心礼服下半身爱心右半边绘制副本"图层外的其他层。同时选择两个图层，执行"编辑"/"变换"/"水平翻转"命令，效果如图4-87所示。

（7）关闭除"爱心礼服下半身爱心左半边绘制"和"爱心礼服下半身爱心左半边绘制副本"图层外的其他层。同时选择两个图层，执行"编辑"/"变换"/"水平翻转"命令，效果如图4-88所示。调整二者之间的位置，效果如图4-89所示。

图4-87

图4-88

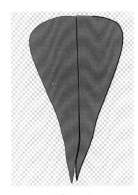

图4-89

图4-90

图4-91

（8）关闭除"爱心礼服下半身内衬设计""爱心礼服下半身内衬设计 副本"和"下摆的褶饰"图层外的其他层。同时选择三个图层，执行"编辑"/"变换"/"水平翻转"命令，调整三者之间的位置，效果如图4-90所示。此时"图层"面板的排列顺序如图4-91所示。

（9）如图4-92所示调整图层顺序，效果如图4-93所示。

（10）新建调整层，修改完善背面款式图。激活路径选择工具，选择路径"爱心礼服下半身内衬设计"，执行"编辑"/"变换路径"/"水平变换路径"命令，移动到合适的位置。单击鼠标右键选择"描边路径"选项，画笔设置如图4-44所示，效果如图4-94所

图4-92

图4-93

图4-94

示；此时"图层"面板设置如图4-95所示。

（11）使用同样的方法选中"爱心礼服上半身右半部分心形内衬路径"，执行"编辑"/"变换路径"/"水平变换路径"命令，移动到合适位置，效果如图4-96所示。单击鼠标右键选择"描边路径"选项，画笔设置如图4-44所示，效果如图4-97所示。

（12）使用同样的方法选中"爱心礼服上半身右半部分心形内衬路径"，描边后效果如图4-98所示，调整二者位置，效果如图4-99所示。

（13）在调整层上完善爱心礼服下摆的褶饰，整体效果如图4-100所示。

图4-95

图4-96

图4-97

图4-98

图4-99

（14）新建"腰带背面"图层。激活钢笔路径，先用直线路径绘制原形，然后利用添加和删除锚点工具，修改和完善路径形状，效果如图4-101所示，单击鼠标右键，将其转换为选区，激活"渐变填充"工具，渐变填充设置如图4-72所示，效果如图4-102所示。最终完成款式背面图如图4-76所示。

图4-100

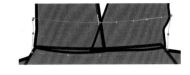
图4-101

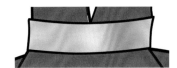
图4-102

课后练习

请选取3~4张不同风格的时装发布会图片，依照图片绘制服装正面款式图。

第五章　服饰设计的局部细节

　　整体与局部的关系是相辅相成的，局部细节表现既不能脱离整体，也不能过分强调局部细节，喧宾夺主；相反，也不能局部刻画粗糙，影响整体效果。在服饰设计创意表现过程中，对于局部的表现可以大到整个头部的处理，小到一根头发丝的绘制。

　　本章节主要讲述不同软件对头部、手、包、鞋、衣纹、背景、背影等局部细节的表现方法，这些都是服饰设计创意表现过程中需要重点表现的局部细节。

5.1 CorelDRAW 局部细节的设计

5.1.1 头部的刻画

在服饰设计创意表现中，不管服装效果图还是服装画的表现，着装模特的头部是必须要表现的，头部的塑造是局部细节中最重要也是最复杂的，在完整的效果图中，它以局部存在；单纯表现头部，它以整体存在。同时还包括眼睛、口鼻、发型、脸型、肤色等局部细节。CorelDRAW 软件可以利用造型工具绘制不同形状的矢量图形，尤其适合比较精致的面部五官塑造。下面将对图 5-1 所示的效果图进行讲解。

图 5-1

操作步骤如下：

（1）新建文件，其参数设置如图 5-2 所示。

（2）绘制头发"基础层 1"。激活贝塞尔工具，利用直线绘制"基础层 1"的外形，如图 5-3 所示；激活形状工具，通过添加和删除节点并调整节点，使"基础层 1"的外形曲线自然流畅，效果如图 5-4 所示。

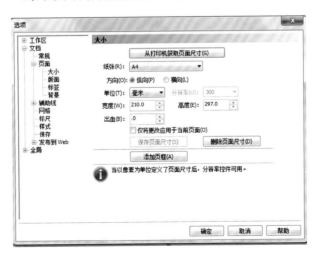

图 5-2

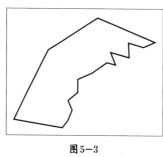

图5—3

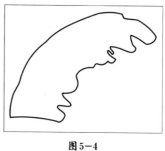

图5—4

（3）激活渐变填充工具。设置如图 5-5 所示的参数，单击"确定"按钮，在其属性栏中选择"无"轮廓，效果如图 5-6 所示。

（4）绘制头发"基础层 2"。激活贝塞尔工具，利用直线工具绘制"基础层 2"的外形，如图 5-7 所示；激活形状工具，通过添加和删除节点并调整节点，使"基础层 2"的外形曲线自然流畅，效果如图 5-8 所示。

（5）激活渐变填充工具。设置相同的渐变参数，单击"确定"按钮，在其属性栏中选择"无"轮廓，效果如图 5-9 所示。

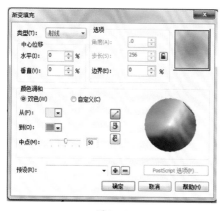

图5—5

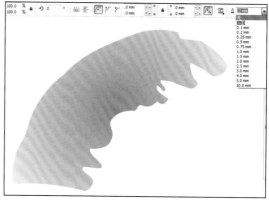

图5—6

图5—7

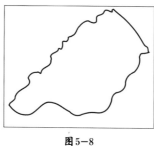

图5—8

图5—9

（6）使用相同的方法绘制头发"基础层3"。其操作过程如图5-10至图5-12所示，此时3个基础层的叠加效果如图5-13所示。

（7）使用相同的方法绘制头发"基础层4"。其操作过程如图5-14至图5-17所示。

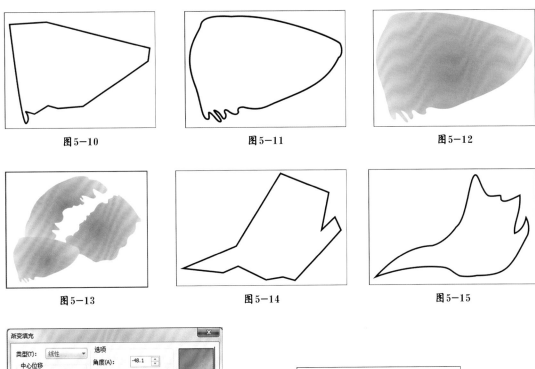

图5-10　　　　　　　图5-11　　　　　　　图5-12

图5-13　　　　　　　图5-14　　　　　　　图5-15

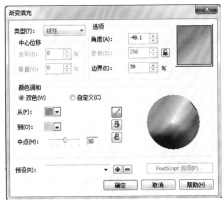

图5-16

图5-17

（8）使用同样的方法绘制头发"基础层5"。其操作过程如图5-18至图5-21所示，此时5个基础层叠加的效果如图5-22所示。

（9）绘制额前的几缕头发。激活贝塞尔工具，利用直线工具绘制头发的外形，如图5-23所示；激活形状工具，通过添加和删除节点并调整节点，使头发的外形曲线自然流畅，效果如图5-24所示。

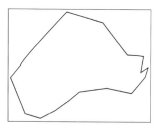

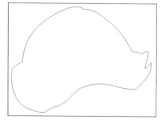

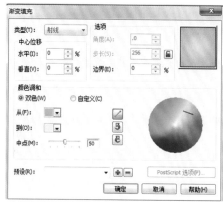

图5-18　　　　　　　　图5-19　　　　　　　　　　　图5-20

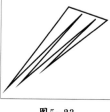

图5-21　　　　　　图5-22　　　　　　图5-23　　　　　　图5-24

（10）激活渐变填充工具。设置如图 5-25 所示的渐变参数，单击"确定"按钮，在其属性栏中选择"无"轮廓，效果如图 5-26 所示。

（11）将头发"基础层 1"至"基础层 5"及额前的几缕头发组合在一起，调整其前后顺序，则发型的基本效果如图 5-27 所示。

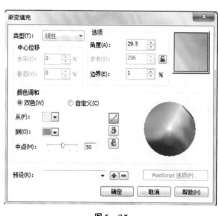

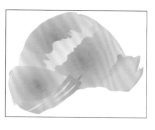

图5-25　　　　　　　　　图5-26　　　　　　　图5-27

（12）在头发基础层上绘制头发丝缕。激活贝塞尔工具，绘制头发丝的外形，保证其外形自然流畅，头发丝缕的颜色分别为：砖红色（C0、M60、K80、Y20）；宝石红色（C0、

M60、K60、Y40）；金色（C33、M53、K95、Y1）；红褐色（C0、M40、K60、Y20）。设置粗线为 0.2 毫米，细线为发丝，效果如图 5-28 所示；将图 5-27、图 5-28 进行组合，完成头发的绘制，效果如图 5-29 所示。

（13）绘制脸型。激活贝塞尔工具，绘制如图 5-30 所示脸型的外形并填充白色；单击鼠标右键，在弹出的下拉菜单中选择"顺序"选项，将脸型移到页面的后面，此时局部效果如图 5-31 所示。

（14）绘制左眼睛。激活贝塞尔工具，绘制如图 5-32 所示眼睛的外形；激活渐变填充工具，设置如图 5-33 所示的参数；单击"确定"按钮，效果如图 5-34 所示。

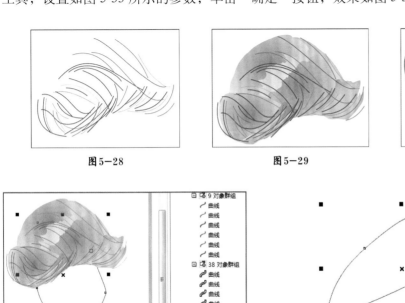

图 5-28　　　　　　　　　图 5-29　　　　　　　　　图 5-30

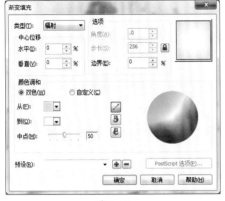

图 5-31

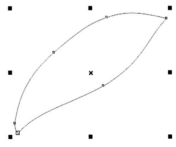

图 5-32

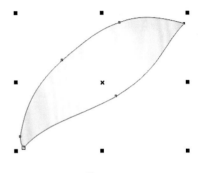

图 5-33　　　　　　　　　图 5-34

（15）使用同样的方法绘制眼球。填充渐变色。效果如图 5-35 所示；复制眼球并调整其大小，效果如图 5-36 所示；使用同样的方法绘制眼皮并填充渐变色，效果如图 5-37 所示；激活贝塞尔工具，绘制双眼皮，设置轮廓线为单色，效果如图 5-38 所示。

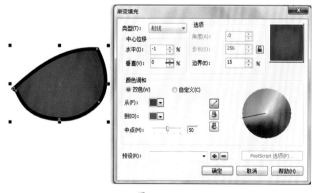
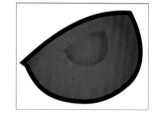

图 5-35   图 5-36

图 5-37

图 5-38

（16）使用同样的方法绘制右眼睛。完成过程如图 5-39 至图 5-43 所示。左右眼睛组合效果如图 5-44 所示。

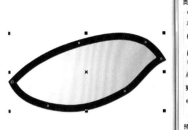
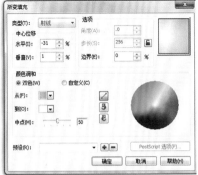

图 5－39

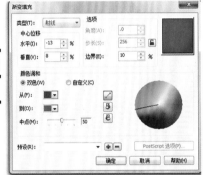
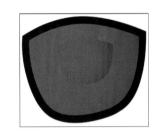

图 5－40

图 5－41

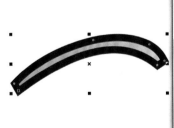
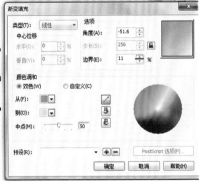

图 5－42

图 5－43

图 5－44

（17）激活贝塞尔工具，绘制鼻孔形状。填充如图 5-45 所示的渐变色（可先绘制一只鼻孔，填充后再复制，并调整角度即可），此时面部效果如图 5-46 所示。

（18）激活贝塞尔工具，使用同样的方法绘制上、下嘴唇部位。其渐变填充设置及效果如图 5-47 和图 5-48 所示。

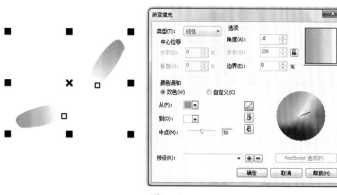

图 5-45

图 5-46

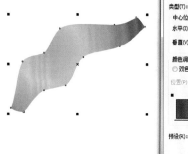

图 5-47

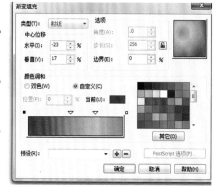

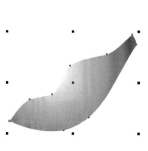

图 5-48

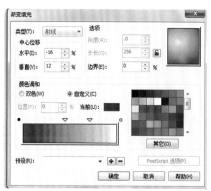

（19）激活贝塞尔工具，绘制唇线。其效果及轮廓笔参数设置如图 5-49 所示；再绘制唇部阴影，其效果及渐变参数设置如图 5-50 所示。此时面部效果如图 5-51 所示。

（20）通过观察可以发现人物面部略显苍白，因此要绘制腮红。激活贝塞尔工具，首先绘制左半部分腮红形状，其效果与渐变色填充设置如图 5-52 所示；然后激活透明工具，其效果与参数设置如图 5-53 所示。

图 5-49

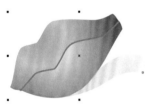
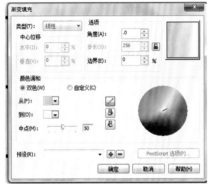

图 5-50　　　　　　　　　　　　　　　　　　　图 5-51

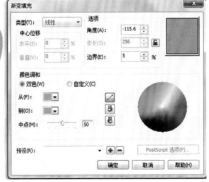
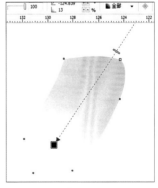

图 5-52　　　　　　　　　　　　　　　　　　　图 5-53

（21）使用同样的方法完成右半部分腮红绘制。其参数设置及效果如图 5-54 和图 5-55 所示。此时可以看到人物脸色变得红润，效果如图 5-56 所示。

（22）绘制脖子和耳朵。激活贝塞尔工具，首先使用直线工具绘制脖子和耳朵的外形，如图 5-57 所示；激活形状工具，调整脖子和耳朵外形曲线，使之与面部相吻合，然后为耳朵填充颜色，其参数设置如图 5-58 所示；脖子和耳朵的效果如图 5-59 所示。

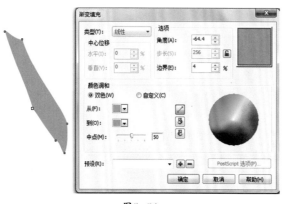

图 5-54

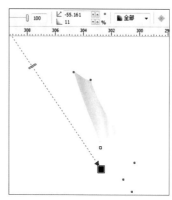

图 5-55

图 5-56

图 5-57

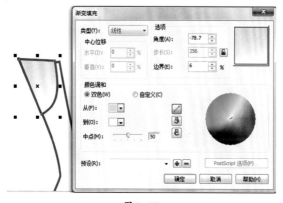

图 5-58

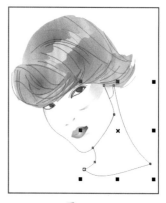

图 5-59

（23）绘制脖子的暗部。激活贝塞尔工具，依次绘制每一部分暗部的外形，设置相关参数及效果依次如图 5-60 至图 5-67 所示，头部效果如图 5-68 所示。

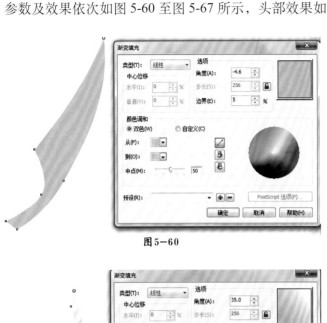

图 5-60

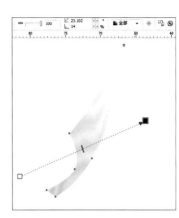

图 5-61

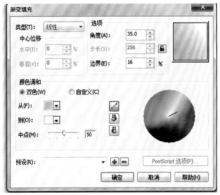

图 5-62

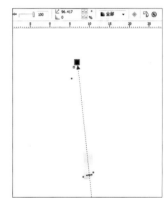

图 5-63

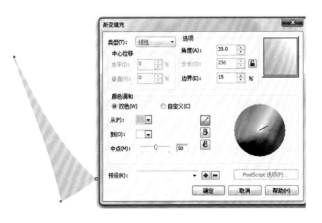

图 5-64

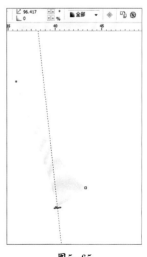

图 5-65

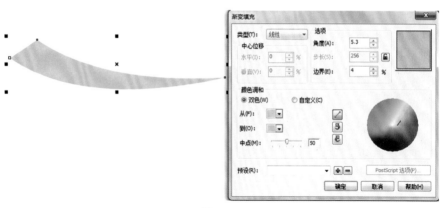

图5—66

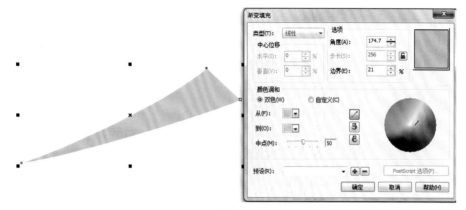

图5—67

图5—68

（24）绘制眼镜。激活贝塞尔工具，绘制眼镜的外形，设置轮廓颜色为紫色，轮廓笔宽度为0.5毫米，设置渐变填充参数及效果依次如图5-69、图5-70所示，眼镜整体效果如图5-71所示。

（25）使用同样的方法绘制眼睛的阴影部分效果。其绘制过程如图5-72至图5-74所示，最终人物局部细节刻画效果如图5-1所示。

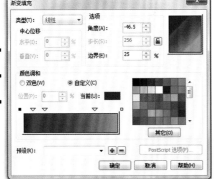

图5-69

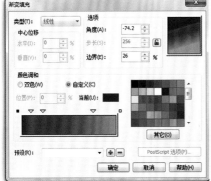

图5-70 图5-71

图5-72

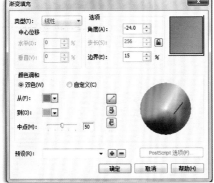

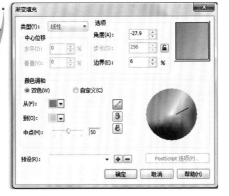

图5-73 图5-74

5.1.2 手部的刻画

时装效果图中对于手的处理一般不会刻画得很细，而是走简化路线，勾画手的动态外形线，简单地表现手的明暗关系，以便衬托服装及配饰的造型。图 5-75 所示为拿包的手，其放大效果如图 5-76 所示。

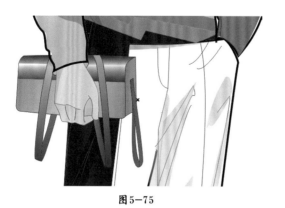 

图 5-75　　　　　　　　　　　　　　　　图 5-76

操作步骤如下：

(1) 新建文件，激活贝塞尔工具，利用直线工具绘制手的外形，如图 5-77 所示。激活形状工具，通过添加和删除节点并调整节点，使手的外形曲线自然流畅，效果如图 5-78 所示。设置轮廓线颜色为深褐色，轮廓笔宽度为 0.2 毫米，填充色为 C3、M15、Y16、K0，效果如图 5-79 所示。

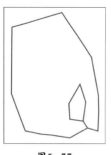 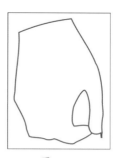 

图 5-77　　　　　　　图 5-78　　　　　　　图 5-79

(2) 绘制手形的"暗部 1"。激活贝塞尔工具，绘制手的"暗部 1"的外形，取消轮廓线，填充颜色为 C9、M18、Y20、K0，效果如图 5-80 所示。

(3) 绘制手形的"暗部 2"。使用同样的方法绘制手的"暗部 2"的外形，取消轮廓线，填充颜色为 C5、M11、Y13、K0，效果如图 5-81 所示。

（4）绘制手形的暗部 3。使用同样的方法绘制手的"暗部 3"的外形；取消轮廓线，填充颜色为 C5、M11、Y13、K0，效果如图 5-82 所示。此时手的局部效果如图 5-83 所示。

图 5-80

图 5-81

图 5-82

图 5-83

（5）绘制手指的暗部。使用同样的方法绘制手指暗部的外形，取消轮廓线，填充渐变色，其效果如图 5-84 所示；激活透明工具，设置透明参数如图 5-85 所示，则手形的暗部绘制效果如图 5-86 所示。

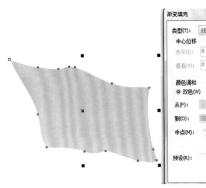

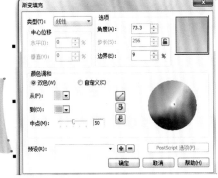

图 5-84

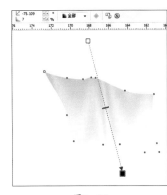

图 5-85

（6）绘制手指部分的线。激活贝塞尔工具，绘制手指部分的线的外形，分别设置轮廓线宽度为 0.2 毫米、0.1 毫米，效果如图 5-87 所示。完成拿包手形的绘制，如图 5-76 所示。

图 5-86

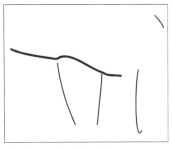

图 5-87

5.1.3 手提包的表现

手提包的设计与操作步骤请扫二维码在线学习。完成效果如图 5-88 所示。

图 5-88

5.1.4 衣纹部分的刻画

衣纹部分的刻画比较重要，其具体操作步骤如下：

（1）激活贝塞尔工具，绘制如图 5-90 所示大衣的线描图；在绘制过程中首先激活形状工具，通过添加和删除节点并调整节点，使大衣轮廓曲线自然流畅。

（2）填充大衣面料。大衣的面料是棱形格子，里料填充为深红色（C0、M40、Y20、K40），分别选择不同衣片，激活图样填充工具（图 5-91），然后选择面料纹样。

（3）在大衣上绘制衣纹部分。激活贝塞尔工具绘制衣纹的形状，填充颜色设置为 C0、M40、Y0、K60，效果如图 5-92 所示。激活透明工具，设置如图 5-93 所示的参数，则衣纹部分的效果如图

图 5-89

图 5-90

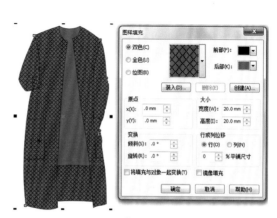

图 5-91

5-94 所示，其在大衣上的效果如图 5-95 所示。

（4）勾衣纹线。激活贝塞尔工具绘制衣纹线的形状，效果如图 5-96 所示，应用在服装上的效果如图 5-97 所示。最终和服装其他部位搭配组合效果如图 5-89 所示。

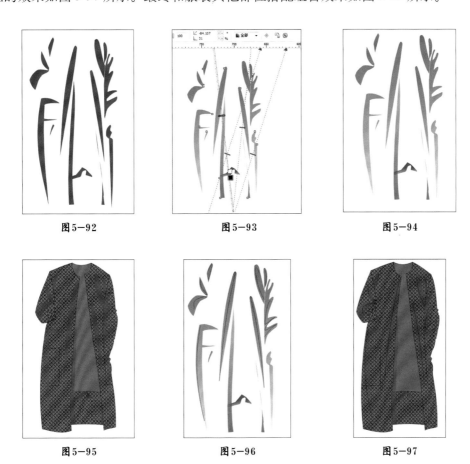

图5-92　　　　　　　图5-93　　　　　　　图5-94

图5-95　　　　　　　图5-96　　　　　　　图5-97

5.1.5　背景的表现

服装效果图的背景处理形式有两种：一种是利用页面背景设置完成，另一种是以导入图片的形式完成，分别如图 5-98、图 5-99 所示。

操作步骤如下：

（1）打开如图 5-100 所示的矢量图形。

（2）执行"布局" / "页面背景"命令。在其弹出的对话框中（图 5-101），选择"位图"选项（图 5-102），导入背景图，然后选择"位图尺寸"选项，重新设置"自定义尺寸"参数，如图 5-103 所示，单击"确定"即可，效果如图 5-98 所示。

图5-98

图5-99（作者：张昀）

图5-100

图5-101

图5-102

图5-103

（3）另外一种背景的处理方式是以导入图片的形式。执行"文件"/"导入"命令，选择要导入的背景图，此时画面出现如图5-104所示的效果。

图5-104　　　　　　　　　　图5-105

（4）如果想自定义图像大小，则按住鼠标左键拖曳即可；如果在页面单击鼠标左键，则导入的图像尺寸以原大尺寸出现在画面中，单击鼠标左键后效果如图5-105所示。拖动鼠标让图片同比例缩放，单击鼠标右键，选择"到图层后面"选项，完成如图5-98所示的背景设置。

（5）对于图5-99系列服装背景图的处理，此处不再赘述。

5.1.6　投影的表现

为了更好地表现服装效果，有时还需要增加阴影效果。服装效果图投影部分的创意表现：一种表现形式是如图5-106所示的侧投影和透视投影，另一种投影可以根据软件自带的投影工具完成。

操作步骤如下：

（1）打开图5-98，选中该图形，复制该图形并调整位置，效果如图5-107所示。

图5-106　　　　　　图5-107

（2）选中左边的人物，去掉不必要的部分。对于头部、鞋子部分。可利用贝塞尔工具和造型工具完成头部、鞋子曲线路径；然后选中所有图形，填充80%黑色，效果如图5-108所示。

（3）选中黑色剪影，复制并粘贴图形，调整位置待用。双击原图黑色剪影，如图5-109所示，设置旋转角度；单击鼠标右键，调整前后顺序，效果如图5-110所示。

（4）选中备用的黑色剪影，填充紫色C20、M80、Y0、K20。该颜色可根据设计要求进行设定，效果如图5-111所示；将紫色背影移动到此对象后面，效果如图5-106所示。

 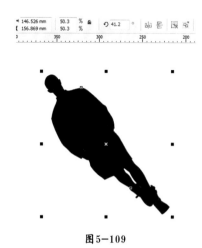  

图5-108　　　　　　图5-109　　　　　　　　　图5-110　　　　　图5-111

（5）侧投影设计。在不透明度数值偏小的情况下，可以随时更换投影属性栏的数值变化，会出现不同的虚实变化的投影形式，下面是其中一种服装效果图中常用的投影设置，设置及完成效果如图5-112和图5-113所示。

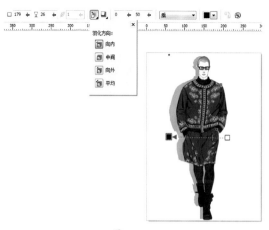 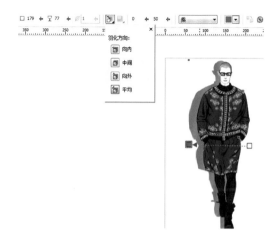

图5-112　　　　　　　　　　　　　　图5-113

（6）透视投影表现会受到光线的影响。在服装效果中，通常有三种灰色形式：阴影设置及完成效果如图 5-114 至图 5-116 所示；变换透视投影的颜色如图 5-117 所示；设置红色光晕式投影，效果如图 5-118 所示。

（7）图 5-119 为系列服装效果图投影表现形式，大家不妨尝试一下。

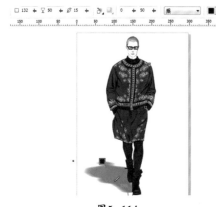

图 5−114

图 5−115

图 5−116

图 5−117

图 5−118

图 5−119（作者：王超）

5.2　Photoshop 局部细节的设计

5.2.1　头部的刻画

人物头部的刻画应注意头发线条的自然流畅（图 5-120），其具体操作步骤如下：

（1）新建文件，其参数设置如图 5-121 所示。

（2）新建图层并命名为"脸部"。使用钢笔路径工具切出外形，如图 5-122 所示。利用添加和删除锚点及点转换工具，修改路径，使路径线条自然流畅，效果如图 5-123 所示。

（3）在"路径"面板中单击鼠标右键，在弹出的下拉菜单中选择"建立选区"选项，填充颜色（R255、G229、B208），然后将选区描边，其参数设置如图 5-124 所示，其中设置描边颜色为 R101、G72、B67，效果如图 5-125 所示。

图 5-120

（4）新建图层并命名为"右半部分头发的中间色"。激活画笔工具，设置画笔为"喷枪"模式，设置前景色为 R176、G144、B89。在绘制头发中间色时要随时调整不透明度和流量，形成色彩的层次感，效果如图 5-126 所示。用同样的方法新建图层并命名为"左边的头发的中间色"，绘制左边头发的中间色，效果如图 5-127 所示。

图 5-121

图 5-122

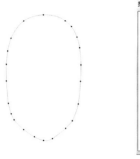

图5-123　　　　　　　　图5-124　　　　　　　　图5-125

图5-126　　　　　　　　　　　　图5-127

（5）新建图层并命名为"右半部分头发的亮色"和"左边的头发的亮色"。设置画笔为"喷枪"模式，设置前景色为R255、G205、B184。采用上述方法进行绘制，效果分别如图5-128、图5-129所示。

图5-128　　　　　　　　　　　　图5-129

（6）新建图层并命名为"头发重颜色"。设置画笔为"喷枪"模式，设置前景色为：R124、G98、B66。绘制深颜色头发时，不透明度和流量数值应大些，重色和亮色组合效果如图 5-130 所示。亮色、中间色、深色组合效果如图 5-131 所示。此时"图层"面板的设置如图 5-132 所示。

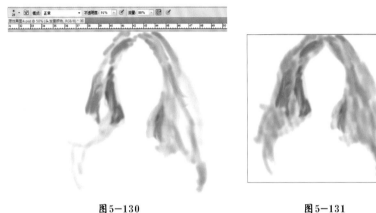
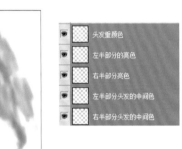

图5-130   图5-131   图5-132

（7）新建图层并命名为"右边头发丝缕"。使用钢笔路径工具绘制右边头发丝缕路径，然后分别执行"描边路径"命令，描边颜色设置为：R96、G77、B60；R199、G189、B167；R165、G146、B105。描边画笔直径分别设置成 4、6、8 像素，如此描绘头发丝缕，可形成前后关系与粗细变化效果，同时注意画笔的流量和不透明度数值变化，效果如图 5-133 所示。

（8）新建图层并命名为"左边头发丝缕"。绘制步骤同上，颜色设置分别为：R129、G89、B41；R130、G99、B77；R95、G77、B60；R197、G187、B161，效果如图 5-134 所示。将左右发丝缕及色彩重新组合，效果如图 5-135 所示。

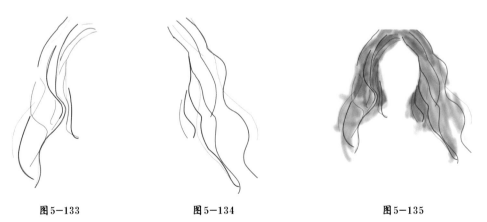

图5-133   图5-134   图5-135

（9）此时脸部的"图层"面板如图 5-136 所示。如图 5-137 所示，头发中隐约有脸部的印记，激活橡皮擦工具擦除印记，效果如图 5-138 所示。

图5-136　　　　　　　　　图5-137　　　　　　　　　图5-138

（10）新建图层并命名为"眼眉"。使用钢笔路径工具绘制直线眼眉路径，效果如图5-139所示；使用添加和删除锚点及点转换工具修改路径，使路径线条自然流畅，效果如图5-140所示。

图5-139　　　　　　　　　　　　　图5-140

（11）单击鼠标右键，将路径转换为选区。激活渐变填充工具，设置如图5-141所示的渐变填充参数，单击"确定"按钮，效果如图5-142所示。

（12）以"眼眉"图层为当前层。为使眼眉能够和面部融合在一起，将该图层的不透明度设置为70%；激活涂抹工具，仔细绘制每一根眉毛，效果如图5-143所示。

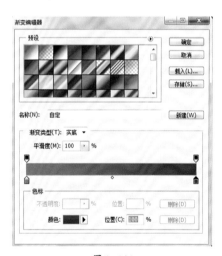

图5-141

（13）新建图层并命名为"左上眼睑"。使用钢笔路径工具绘制如图5-144所示的"左上眼睑"曲线路径；单击鼠标右键，建立选区；激活渐变填充工具，

图5-142　　　　　　　图5-143　　　　　　　图5-144

设置如图 5-145 所示的渐变填充参数，单击"确定"按钮，效果如图 5-146 所示。

（14）新建图层并命名为"左下眼睑"。使用钢笔路径工具绘制如图 5-147 所示的曲线"左下眼睑"路径；通过单击鼠标右键建立选区，激活渐变填充工具，设置同样的渐变填充色，单击"确定"按钮，效果如图 5-148 所示；上眼睑和下眼睑组合效果如图 5-149 所示。

（15）新建图层并命名为"眼白"。使用钢笔路径

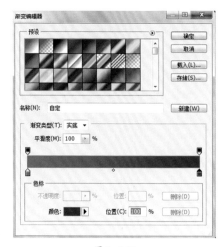

图 5-145

图 5-146

图 5-147

图 5-148

图 5-149

图 5-150

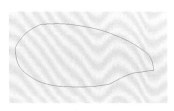

图 5-151

工具绘制如图 5-150 所示的直线眼白路径，利用添加和删除锚点及点转换工具修改路径，使"眼白"路径线条自然流畅，效果如图 5-151 所示。单击鼠标右键，建立选区，设置如图 5-152 所示的渐变填充色，单击"确定"按钮，效果如图 5-153 所示。眼睑和眼白的组合效果如图 5-154 所示。

（16）新建图层并命名为"眼球"部分。使用钢笔路径工具绘制如图 5-155 所示的直线眼球路径；利用添加和删除锚点及点转换工具修改路径，使"眼球"路径线条自然流畅，效果如图 5-156 所示。通过单击鼠标右键建立选区，设置图 5-157 所示的渐变填充色，单击"确定"按钮，效果如图 5-158 所示。

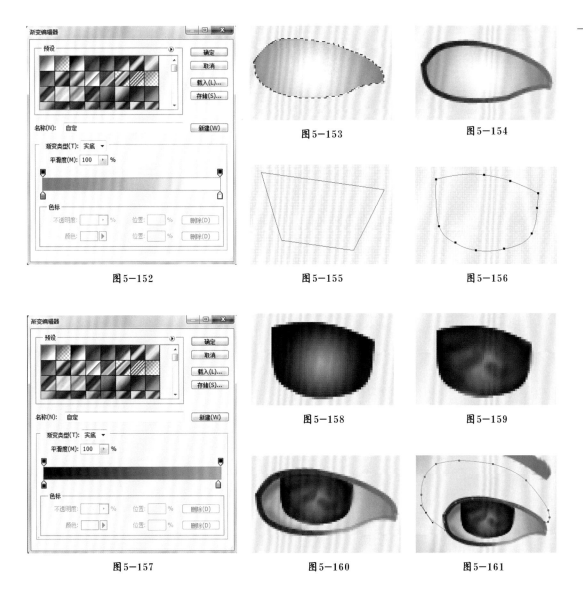

图5-152　　　　　图5-153　　　　　图5-154

图5-155　　　　　图5-156

图5-157　　　　　图5-158　　　　　图5-159

图5-160　　　　　图5-161

（17）激活画笔工具。将颜色设定为灰色，调整流量、不透明度，涂抹后的效果如图5-159所示；眼睑、眼白、眼球的组合效果如图5-160所示。

（18）新建图层并命名为"眼影"部分。绘制如图5-161所示的眼影路径；单击鼠标右键，建立选区，设置如图5-162所示的渐变填充色；单击"确定"按钮，效果如图5-163所示；激活模糊工具，对眼影边缘部分进行模糊处理，效果如图5-164所示。

（19）新建图层并命名为"双眼皮线"。使用钢笔路径工具绘制双眼皮线曲线路径，然后单击鼠标右键，执行"描边路径"命令（图5-165）；设置画笔描边参数，描边效果如图5-166所示；激活模糊工具，对眼线边缘部分进行模糊处理，效果如图5-167所示。

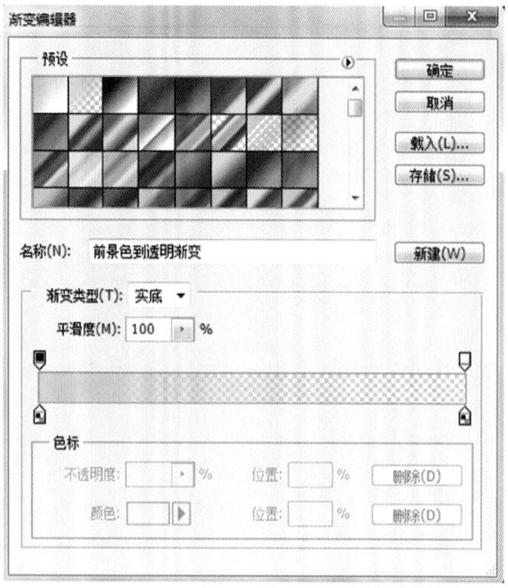

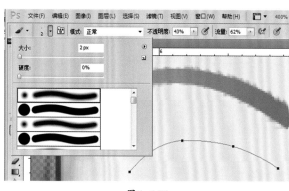

图5-162

图5-163

图5-164

图5-166

图5-167

图5-165

　　（20）新建图层并命名为"右眼睫毛"。激活钢笔路径工具，绘制"右眼睫毛"路径，效果如图5-168所示；利用添加和删除锚点及点转换工具修改路径，使右眼睫毛的曲线自然流畅，效果如图5-169所示；单击鼠标右键，建立选区，设置图5-170所示的渐变填充色；填充效果如图5-171所示。

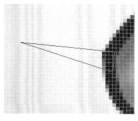

图5-168

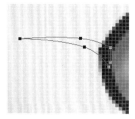

图5-169

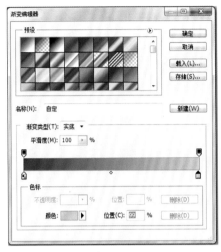

图5-170　　　　　　　　图5-171　　　　　　　　图5-172

　　（21）其余的睫毛都是在这根睫毛的基础上完成的。首先复制"眼睫毛"图层，执行"编辑"/"自由变换"命令，调整大小和方向，完成符合需要的睫毛形状，然后将所有睫毛合并为一层，则双眼皮线、眼影、睫毛的组合效果如图5-172所示。此时将上眼睑、下眼睑、眼白、眼球、睫毛、眼影组合后的效果如图5-173所示。

　　（22）复制"左上眼睑"图层。定义为"右上眼睑"，执行"编辑"/"变换"/"水平翻转"命令，将其移动至合适的位置。按照同样的步骤，依次完成右下眼睑、右眼白、眼球、眼睫毛、眼影、双眼皮、眼眉的复制，则眼部的整体效果如图5-174所示。此时图层设置如图5-175所示。

图5-173　　　　　　　　　　　　图5-174

　　（23）新建图层并命名为"鼻子"。使用钢笔工具，绘制如图5-176所示的鼻子路径，单击鼠标右键，建立选区，设置如图5-177所示的渐变填充色并填充。

　　（24）激活模糊、涂抹工具。对"鼻子"图层作模糊等效果处理，效果如图5-178所示。新建图层并命名为"鼻子上方"，颜色设置为R231、G203、B178。激活毛笔工具，通过改变不透明度及笔头的参数，效果如图5-179所示。此时头部效果如图5-180所示。

图5-175

图5-176

图5-177

图5-178

图5-180

图5-179

（25）新建图层并定义为"上嘴唇"。使用钢笔路径工具，绘制上嘴唇曲线路径，单击鼠标右键，建立选区，填充颜色（R239、G188、B169）。执行"编辑"/"描边"命令，设置描边宽度为2像素，描边颜色为R124、G89、B74，然后通过加深工具修正。效果如图5-181所示。

（26）新建图层并定义为"上嘴唇亮部"。前景色设置为R241、G205、B191，激活画笔及橡皮擦工具，通过调整其不透明度和流量，采用手绘及擦除手段，完成如图5-182所

图5-181

图5-182

示的"上嘴唇亮部"效果。

（27）新建图层并命名为"下嘴唇"。步骤同第（25）步，填充颜色设置为：R124、G89、B74，描边的颜色设置为 R212、G159、B139，然后通过加深工具修正，效果如图5-183 所示。

（28）新建图层并命名为"下嘴唇亮部"。步骤同第（26）步，将前景色设置为 R241、G205、B191，"下嘴唇亮部"效果如图 5-184 所示，嘴唇效果如图 5-185 所示，此时头部效果如图 5-186 所示。

（29）新建图层并定义为"腮红"。设置前景色为 R247、G193、B190，激活画笔工具，通过调整其不透明度和流量，采用手绘手段，绘制如图 5-187 所示的"腮红"效果。头部的整体表现如图 5-120 所示。

图5-183

图5-184

图-185

图5-186

图5-187

5.2.2 鞋的表现

Photoshop 可以绘制一些质感较强的服饰配件，如图 5-188 所示的女式高跟鞋正是利用 Photoshop 软件强大的图像处理功能绘制的。

操作步骤如下：

（1）新建文件，其参数设置如图 5-189 所示。

（2）新建图层并命名为"右鞋后跟"部分。激活钢笔路径工具，绘制如图 5-190 所示的曲线路径，单击鼠标右键，将路径转换为选区，并填充颜色（R243、G85、B22），效果如图 5-191 所示。

图 5-188

图 5-189

图 5-190

图 5-191

（3）激活加深和减淡工具。设置如图 5-192 所示的参数，在鞋的后面部分加深色或减淡颜色，使鞋子具有立体感，效果如图 5-193 所示。

图5-192　　　　　　　　　　　　　　图5-193

（3）新建图层并命名为"右鞋头"。激活钢笔路径工具，绘制如图5194所示的曲线路径。单击鼠标右键，将路径转换为选区，并填充颜色（R243、G85、B22），效果如图5-195所示；继续新建图层并命名为"右鞋头亮部"，绘制如图5-196所示的曲线路径，单击鼠标右键，将路径转换为选区；激活渐变填充工具，设置如图5-197所示的渐变色并填充；然后分别使用涂抹工具和模糊工具调整局部边缘，效果如图5-198所示。

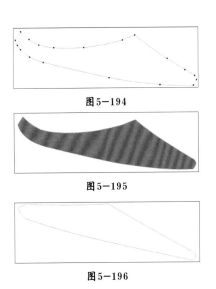

图5-194

图5-195

图5-196

图5-197

图5-198

（4）新建图层并命名为"右鞋带"。使用钢笔路径工具绘制如图 5-199 所示的曲线路径；单击鼠标右键将路径转换为选区，激活渐变填充工具，设置如图 5-200 所示的渐变色；单击"确定"按钮，效果如图 5-201 所示。

（5）新建图层并命名为"右高跟部分"。使用钢笔路径工具，绘制如图 5-202 所示的曲线路径；单击鼠标右键将路径转换为选区，填充颜色（R243、G85、B22），效果如图 5-203 所示；继续新建图层并命名为"右高跟另一部分"，绘制如图 5-204 所示的路径，填充颜色（R217、G75、B18），调整两个图层的位置，效果如图 5-205 所示。

（6）新建图层并命名为"右鞋底"。激活钢笔路径工具，绘制如图 5-206 所示的曲线路径；单击鼠标右键将路径转换为选区，激活渐变填充工具，设置如图 5-207 所示的渐变色；

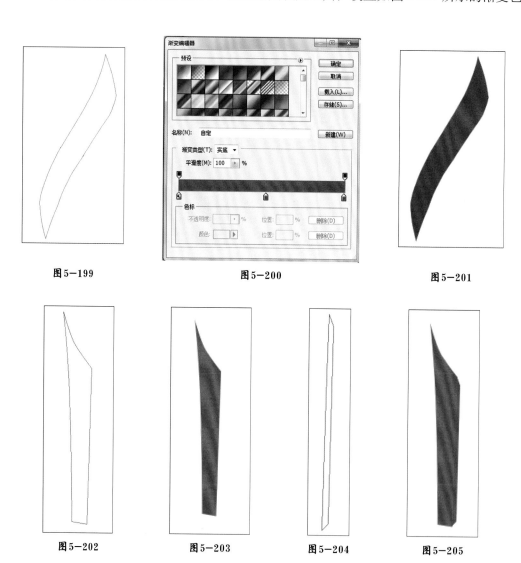

图5-199　　　　　　　图5-200　　　　　　　图5-201

图5-202　　　　图5-203　　　　图5-204　　　　图5-205

图5-206　　　　　　　　　　　　图5-207

单击"确定"按钮，效果如图 5-208 所示。

（7）新建图层并命名为"右脚形"。激活钢笔路径工具，使用同样的方法绘制曲线路径，转换为选区后填充颜色（R254、G224、B214）。然后执行"编辑"/"描边"命令，设置描边颜色为：R109、G103、B98，描边宽度为 2 像素，效果如图 5-209 所示。

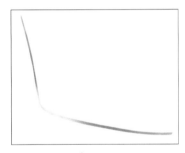

图5-208

（8）新建图层并命名为"右脚加深部分"。设置前景色为：R211、G176、B154。激活画笔工具，如图 5-210 所示，有层次地加深暗部（在加深时可通过设置选区，保证加深部分不能超出脚形轮廓）。鞋与脚的组合效果如图 5-211 所示。此时"图层"面板的设置如图 5-212 所示。

（9）新建图层并命名为"左鞋形"。使用钢笔路径工具绘制如图 5-213 所示的曲线路

图5-209

图5-210

图5-211

图 5-212

图 5-213

图 5-214

径，将路径转换为选区后，填充颜色（R243、G85、B22），效果如图 5-214 所示。

（10）激活加深和减淡工具。设置如图 5-215 所示的参数，在鞋后端的部分加深或减淡颜色，形成立体感；复制右鞋头亮部层，命名为"左鞋头亮部层"。执行"编辑"/"自由变换"命令，调整角度使鞋子具有立体感，效果如图 5-216 所示。

（11）新建图层并命名为"左鞋鞋带"。其绘制方法同"右鞋鞋带"一致，绘制如图 5-217 所示的曲线路径，填充同样的渐变色，效果如图 5-218 所示。

（12）新建图层并命名为"左脚后跟"。其绘制方法同"右脚后跟"一致，绘制曲线路径，填充颜色（R243、G85、B22），效果如图 5-219 所示。

（13）新建图层并命名为"左脚鞋底"。其绘制方法同"右脚鞋底"一致，绘制如

图 5-215

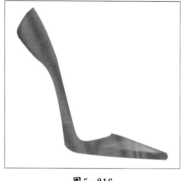

图 5-216

图 5-217

图 5-218

图 5-219

图 5-220 所示的曲线路径。填充同样的渐变色，效果如图 5-221 所示。

（13）新建图层并命名为"左脚"。其绘制方法同"左脚"一致，绘制如图 5-222 所示的曲线路径。设置填充颜色为 R254、G224、B214，设置描边颜色为 R109、G103、B98、描边宽度为 2 像素，设置前景色为 R211、G176、B154，加深暗部，效果如图 5-223 所示。鞋脚组合效果如图 5-224 所示。"图层"面板设置如图 5-225 所示。左右脚组合效果如图 5-188 所示。

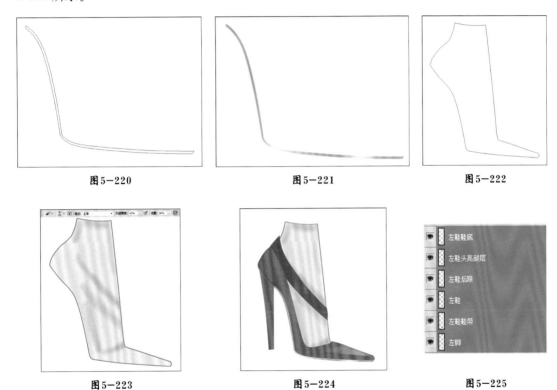

图5-220　　　　　　　　　　图5-221　　　　　　　　　　图5-222

图5-223　　　　　　　　　　图5-224　　　　　　　　　　图5-225

课后练习

1. 使用两个软件分别绘制人物头部。

2. 分别绘制一双鞋和一只手提包，为完整效果图的表现做准备。

3. 临摹图 5-123 系列服装背景图。

第六章 完整的服装效果图

Photoshop/CorelDRAW 两大软件对于效果图有着不同的表现形式，要充分发挥软件各自的优势，方能绘制出品质最佳的效果图。

6.1　Photoshop 完整服装效果图的设计

　　Photoshop 软件的优势是图形图像处理。利用 Photoshop 软件表现服装效果图时，要充分发挥该软件的图层优势。通常情况下，Photoshop 软件表现服装效果图以两种形式存在，一种是将手绘效果图拍成照片后导入软件中，然后利用软件图像处理的优势，完成效果图的创作；另一种是直接利用软件的各种工具和命令，完成自由创作的效果图。由于第二种形式涵盖第一种形式，因此本章节主要讲述 Photoshop 自由创作的效果图，如图 6-1 所示。下文将对图 6-1 效果图进行讲解。

图 6—1

　　操作步骤如下：

　　（1）新建文件，其参数设置如图 6-2 所示。

　　（2）新建图层并命名为"上衣"。激活钢笔路径工具，绘制上衣的部分曲线路径，效果如图 6-3 所示。单击鼠标右键将路径转化为选区，填充颜色（R255、G114、B167），效果如图 6-4 所示。

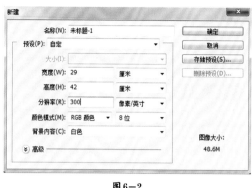

图6-2

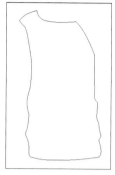

图6-3

图6-4

图6-5

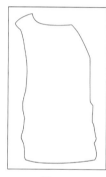

图6-6

（3）复制上衣图层并命名为"上衣副本"。按住 Ctrl 键，单击该层缩略图载入选区，按 Delete 键删除选区。执行"编辑"/"描边"命令，在弹出的对话框中设置如图 6-5 所示的参数，其中，设置描边颜色为 R76、G76、B76；单击"确定"按钮，效果如图 6-6 所示。

（4）为增加创作效果的真实性，需要对其做简单的处理。以"上衣"层作为当前图层，执行"编辑"/"自由变换"命令，调整其角度与大小，效果如图 6-7 所示；执行"滤镜"/"模糊"/"高斯模糊"命令，在弹出的对话框中设置如图 6-8 所示的参数；单击"确定"按钮，效果如图 6-9 所示。

（5）新建图层并命名为"上衣右袖"。使用钢笔路径工具绘制如图 6-10 所示的曲线路径。单击鼠标右键将路径转为选区，填充颜色（R181、G176、B170），效果如图 6-11 所示。

图6-7

图6-8

图6-9

图6-10

图6-11

（6）复制"上衣"图层为"上衣右袖 副本"。同步骤（3）一样执行"描边"命令，设置描边颜色为 R76、G76、B76，效果如图 6-12 所示；同步骤（4）一样，调整其角度与大小，效果如图 6-13 所示。执行"滤镜"/"模糊"/"高斯模糊"命令，在弹出的对话框中设置如图 6-14 所示的参数，单击"确定"按钮，效果如图 6-15 所示。

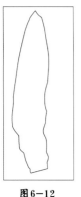

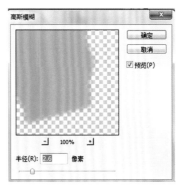

图 6-12　　　　图 6-13　　　　　　图 6-14　　　　　　图 6-15

（7）新建图层并命名为"上衣左袖"。使用钢笔路径工具绘制如图 6-16 所示的曲线路径，用同样方法填充颜色（R255、G114、B167），效果如图 6-17 所示。

（8）复制上衣左袖层，命名为"上衣左袖 副本"。同步骤（3）一样执行"描边"命令，设置描边颜色为 R76、G76、B76，效果如图 6-18 所示；同步骤（4）一样，调整其角度与大小，效果如图 6-19 所示；执行"滤镜"/"模糊"/"高斯模糊"命令，设置如图 6-20 所示的参数；单击"确定"按钮，效果如图 6-21 所示。

图 6-16　　　　图 6-17

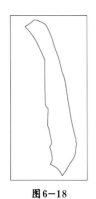

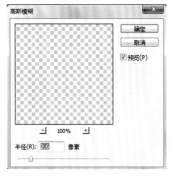

图 6-18　　　　图 6-19　　　　　　图 6-20　　　　　　图 6-21

（9）新建图层并命名为"衣领"。使用钢笔路径工具绘制如图 6-22 所示的曲线路径，使用同样的方法填充颜色（R181、G176、B170），效果如图 6-23 所示。

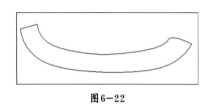

图6-22   图6-23

（10）复制衣领图层为"衣领 副本"。同步骤（3）一样，执行"描边"命令，设置描边颜色为R76、G76、B76，效果如图6-24所示；同步骤（4）一样，调整其角度与大小，效果如图6-25所示。执行"滤镜"/"模糊"/"高斯模糊"命令，在弹出的对话框中设置如图6-26所示的参数，单击"确定"按钮，效果如图6-27所示。

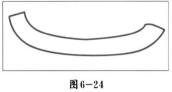

图6-24

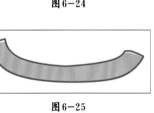

图6-25

图6-26

图6-27

（11）新建图层并命名为"上衣的红色装饰条"。使用钢笔路径工具绘制如图6-28所示的曲线路径；单击鼠标右键，在弹出的下拉菜单中选择"填充路径"选项，将路径颜色设置为R215、G32、B80，效果如图6-29所示。

（12）新建图层并命名为"上衣的蓝色装饰条"。使用同样的方法绘制如图6-30所示的曲线路径，填充路径，颜色设置为R89、G88、B166，效果如图6-31所示。

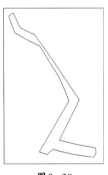

图6-28

图6-29

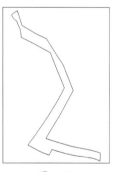

图6-30

图6-31

（13）新建图层并命名为"上衣的橘色装饰条"。使用同样的方法绘制如图 6-32 所示的曲线路径，填充路径，颜色设置为 R239、G96、B0，效果如图 6-33 所示。

（14）新建图层并命名为"上衣的灰色装饰条"。使用同样的方法绘制如图 6-34 所示的曲线路径，填充路径，颜色设置为 R185、G185、B177，效果如图 6-35 所示。

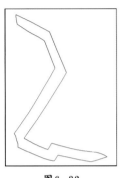

图6-32

图6-33

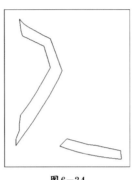

图6-34

图6-35

（15）新建图层并命名为"上衣的玫瑰红色装饰条"。使用同样的方法绘制如图 6-36 所示的曲线路径，填充路径，颜色设置为 R247、G14、B145，效果如图 6-37 所示。

（16）新建图层并命名为"上衣的下摆蓝色装饰条"。使用同样的方法绘制如图 6-38 所示的曲线路径，填充路径，颜色设置为 R124、G87、B159，效果如图 6-39 所示。同步骤（4）一样，调整其角度与大小，设置如图 6-40 所示的"高斯模糊"参数；单击"确定"按钮，效果如图 6-41 所示。

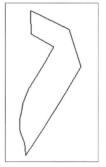

图6-36

图6-37

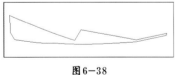

图6-38

图6-39

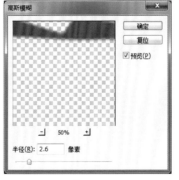

图6-40

图6-41

119

图6-42

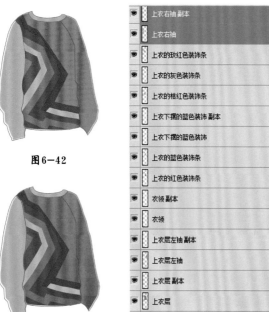

图6-43　　　　　图6-44

图6-45

图6-46

图6-47

图6-48

图6-49

（17）此时将所有的图层都设置为可视状态，上衣效果如图6-42所示。仔细调整图层的顺序（图6-43）；注意调整图层上下关系，此时的上衣效果如图6-44所示。

（18）新建图层并命名为"右袖暗部"。使用同样的方法绘制曲线路径并填充路径，颜色设置为R154、G153、B153，效果如图6-45所示。调整图层的不透明度为60%，效果如图6-46所示。右袖暗部与右袖组合效果如图6-47所示。

（19）新建图层并命名为"上衣左袖的暗部"。使用同样的方法绘制如图6-48所示的曲线路径，填充路径，颜色分别设置为R175、G175、B175和R208、G43、B73，效果如图6-49所示，然后设置如图6-50所示的"高斯模糊"参数，单击"确定"按钮即可。调整该图层的不透明度为40%，效果如图6-51所示。此时右袖、上衣、左袖暗部组合效果如图6-52所示。

（20）新建图层并命名为"上衣褶线"。使用同样的方法绘制上衣褶线的每一条曲线路径，效果如图6-53所示。执行描边路径，颜色设置为R176、G176、B176，效果如图6-54所示。衣褶和衣身的效果如图6-55所示。

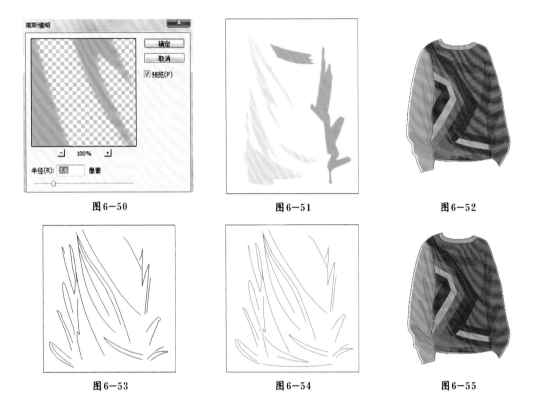

图6-50　　　　　　　　　图6-51　　　　　　　　　图6-52

图6-53　　　　　　　　　图6-54　　　　　　　　　图6-55

（21）新建图层并命名为"右裤腿"。使用同样的方法绘制如图6-56所示的曲线路径，填充路径为白色。复制右裤腿图层并命名为"右裤腿 副本"，同步骤（3）一样，执行"描边"命令，设置描边颜色为R176、G176、B176，描边宽度为3像素，效果如图6-57所示。

（22）新建图层并命名为"右裤腿的蓝色分割色"。使用同样的方法绘制如图6-58所示的路径，填充路径，颜色设置为R89、G88、B166，效果如图6-59所示；同步骤（4）一样，调整角度与大小，右裤腿效果如图6-60所示。执行"滤镜"/"模糊"/"高斯模糊"

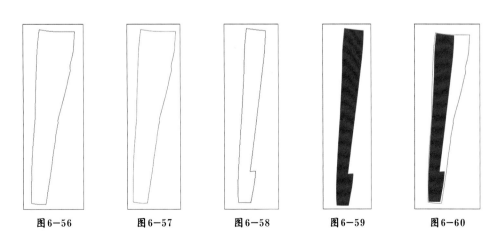

图6-56　　　　　图6-57　　　　　图6-58　　　　　图6-59　　　　　图6-60

命令，其参数设置如图 6-61 所示；单击"确定"按钮，效果如图 6-62 所示。

（23）新建图层并命名为"左裤腿"。使用钢笔路径工具绘制左裤腿的曲线路径，如图 6-63 所示。将路径转换为选区并填充白色。复制"左裤腿"图层并命名为"左裤腿 副本"，同步骤（3）一样，执行"描边"命令，设置描边颜色为 R176、G176、B176，描边的宽度为 3 像素，效果如图 6-64 所示。

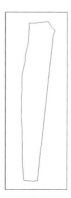
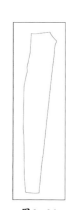

图 6-61　　　　　　　图 6-62　　　　　　图 6-63　　　　　　图 6-64

（24）新建图层并命名为"左裤腿的蓝色分割色"。使用同样的方法绘制如图 6-65 所示的路径，填充路径，颜色设置为 R89、G88、B166，效果如图 6-66 所示。

（25）执行"滤镜"/"模糊"/"高斯模糊"命令，在弹出的对话框中设置如图 6-67 所示的参数，单击"确定"按钮，效果如图 6-68 所示。左右裤腿的组合效果如图 6-69 所示。

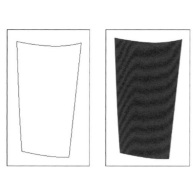
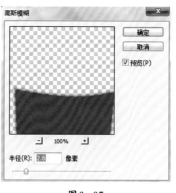

图 6-65　　　　　图 6-66　　　　　　　图 6-67　　　　　图 6-68　　　图 6-69

（26）新建图层并命名为"右裤腿蓝色部分暗部"。使用同样的方法绘制如图 6-70 所示右裤腿蓝色部分的暗部曲线路径。填充该路径，填充颜色设置为 R42、G47、B128，效果如图 6-71 所示，将图层的不透明度设置为 80%。

（27）复制该图层并命名为"右裤腿蓝色部分暗部 副本"。按住 Ctrl 键单击该层缩略图载入选区，填充颜色（R22、G27、B82）。设置如图 6-67 所示的高斯模糊参数；调整角度与大小，则暗部的效果如图 6-72 所示。

（28）新建图层并命名为"左裤腿的蓝色分割色暗部"。绘制如图 6-73 所示的路径，填充颜色设置为 R42、G47、B128，效果如图 6-74 所示。

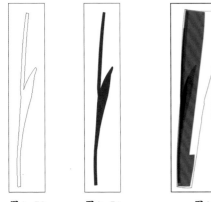
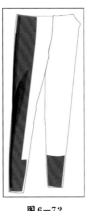
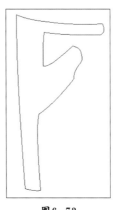

图6-70　　　　图6-71　　　　　　图6-72　　　　　　　　图6-73　　　　　　　　　图6-74

（29）执行"滤镜"/"模糊"/"高斯模糊"命令。在弹出的对话框中设置如图 6-75 所示的参数，单击"确定"按钮。将图层的不透明度设置为 80%，左右裤腿效果如图 6-76 所示。

（30）新建图层并命名为"白色裤腿暗部"。使用钢笔路径工具绘制如图 6-77 所示的曲线路径，填充路径，填充颜色设置为 R190、G190、B191，效果如图 6-78 所示。将图层的不透明度设置为 60%，效果如图 6-79 所示；设置如图 6-80 所示的高斯模糊参数，单击"确定"按钮，效果如图 6-81 所示，此时左右裤腿的效果如图 6-82 所示。

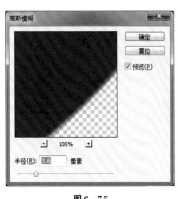

图6-75　　　　　　图6-76　　　　图6-77　　　　图6-78　　　　图6-79

（31）新建图层并命名为"裤子的褶线"。使用钢笔路径工具绘制如图 6-83 所示裤子的褶线，单击鼠标右键，执行"描边路径"命令，设置毛笔直径为 3 像素，颜色设置为 R176、G176、B176，下装裤子的完整效果如图 6-84 所示。

图6-80

图6-81

图6-82

图6-83

图6-84

图6-85

图6-86

（32）打开第六章制作的鞋子、包、手，将它们复制到合适的位置。注意，由于鞋子、包、手都带有白色背景，需要擦除白色背景，然后调整角度。调整图层的先后顺序后，鞋子的效果如图 6-85 所示；"图层"面板的设置如图 6-86 所示；手、包的效果及"图层"面板设置如图 6-87 所示。

（33）利用 Photoshop 软件绘制服装效果图时，为了节约时间，往往会选择截取某个头像直接运用到效果图中。打开素材图像，利用套索工具，选择所需的局部头部，将其复制至文件中，命名为"头"，效果如图 6-88 所示。

图6-87

图6-88

（34）继续对头部进行处理，如头发颜色的处理。头顶部分加深红色，发梢部分加深黄色。如图6-89所示，利用魔术棒或路径工具分别框选头顶与发梢部分，执行"图像"/"调整"/"变化"命令，在弹出的对话框中如图6-90、图6-91所示调整头部颜色，单击"确定"按钮，头部效果如图6-92所示，整体效果图如图6-1所示。

图6-89

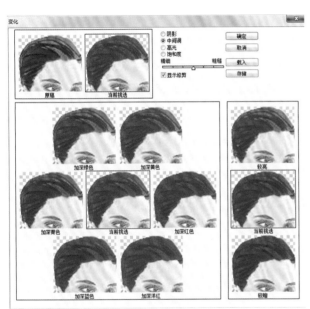

图6-90

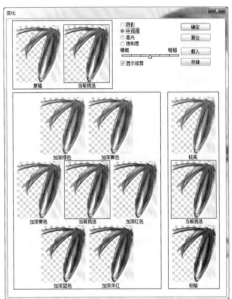

图6-91

图6-92

6.2　CorelDRAW 完整服装效果图的设计

CorelDRAW 软件的优势是利用造型工具自由绘制矢量图形，这在某种程度上契合了手绘服装效果图的功能，较 Photoshop 具有更大的自由度。本节将主要讲述利用 CorelDRAW

图6—93

自由创作的服装效果图。下面将对图6-93所示的效果图进行讲解。

操作步骤如下：

（1）新建文件，其参数设置如图6-94所示。

（2）绘制上衣的动态形状。使用贝塞尔工具绘制上衣部分的路径，在绘制过程中可通过形状工具调整节点，使曲线自然流畅。填充80%黑色，将轮廓笔宽度设置为0.5mm，效果如图6-95所示。

（3）绘制上衣右袖的动态形状。激活贝塞尔工具，使用同样的方法绘制上衣右袖部分的路径，填充80%黑色，将轮廓笔宽度设置为0.5mm，效果如图6-96所示；右袖和衣片的效果如图6-97所示。

（4）绘制上衣左袖的动态形状。激活贝塞尔工具，使用同样的方法绘制上衣左袖部分的路径，填充80%黑色，将轮廓笔宽度设置为0.5mm，效果如图6-98所示；左袖和衣片的效果如图6-99所示。

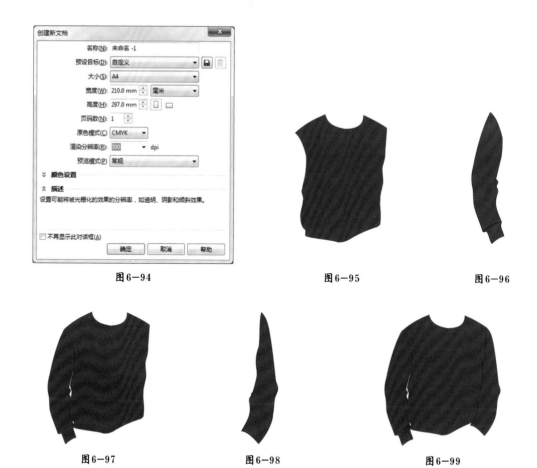

图6—94   图6—95   图6—96

图6—97   图6—98   图6—99

（5）绘制下装的动态形状。激活贝塞尔工具，使用同样的方法绘制下装部分的路径，填充80%黑色，将轮廓笔宽度设置为0.5mm，效果如图6-100所示；上衣和下装的动态效果如图6-101所示。

（6）绘制上衣的白色印花形状。激活贝塞尔工具，使用同样的方法绘制印花部分的路径，填充白色。为了表现效果，轮廓笔宽度暂时设置为"极细线"，效果如图6-102所示；在将印花与服装结合时，将前两个图形的轮廓线去掉，白色印花在服装上的动态效果如图6-103所示。

图6-100　　　　　　图6-101　　　　　　图6-102　　　　　　图6-103

（7）打开第四章中设计的如图6-104所示的图案，选中该图案，执行"位图"/"转换为位图"命令；在弹出的对话框中设置如图6-105所示的参数，单击"确定"按钮即可。

（8）激活刻刀工具，对位图形状的图案进行分割，根据设计需要将其分割为如图6-106所示形状；复制多个图形，在服装上进行排列，其最终在衣服上呈现的效果如图6-107所示。

图6-104　　　　　　　　　图6-105

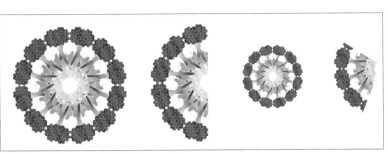

图6-106

图6-107

（9）绘制右袖口螺纹口。使用贝塞尔工具绘制如图 6-108 所示的两条线，线宽为 0.2mm；激活交互式调和工具，按住鼠标左键从一条线拖至另一条线，改变属性栏的参数，交互效果如图 6-109 所示。

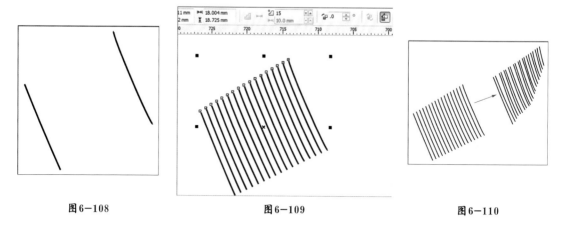

图6-108　　　　　　　　图6-109　　　　　　　　图6-110

（10）执行"排列"/"拆分调和群组"和"取消群组"命令。然后激活形状工具，局部调整节点，效果如图 6-110 所示（具体步骤不再赘述）。

（11）绘制左袖口螺纹口。使用交互式调和工具绘制如图 6-111 所示的两条线，线宽为 0.2mm；使用同样的方法做交互处理，效果如图 6-112 所示；激活形状工具，调整节点，效果如图 6-113 所示。

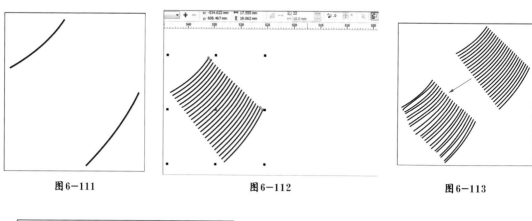

图6-111　　　　　　　　图6-112　　　　　　　　图6-113

图6-114

（12）绘制下摆右螺纹口。使用同样的方法绘制如图 6-114 所示的两条线，线宽为 0.2mm；交互调和处理效果如图 6-115 所示；调整节点，效果如图 6-116 所示。

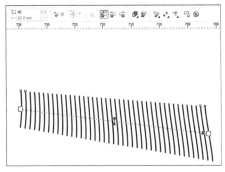

图6-115

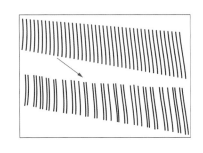

图6-116

（13）绘制下摆左螺纹口。使用同样的方法绘制如图 6-117 所示的两条线，线宽为 0.2mm；交互调和处理效果如图 6-118 所示；调整节点，效果如图 6-119 所示；螺纹整体完成效果如图 6-120 所示。

图6-117

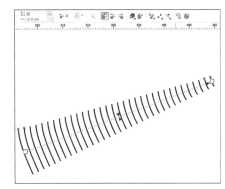

图6-118

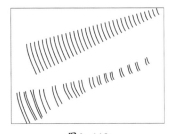

图6-119

图6-120

（14）接下来绘制上衣袖子、衣身以及裤装的衣纹。具体步骤请扫二维码在线学习。完成效果如图 6-121 所示。

（15）绘制手腕皮肤部分。使用贝塞尔工具绘制右边皮肤轮廓并填充颜色（C25、M30、Y34、K0），效果如图 6-122 所示；再绘制阴影部分的轮廓，设置无轮廓，填充渐变色，其参数设置如图 6-123 所示；

图 6-121

使用同样的方法绘制左边皮肤的轮廓，渐变色设置为 C0、M20、Y20、K40 至 C0、M0、Y20、K40，其他参数设置如图 6-124 所示，此时整体完成效果如图 6-125 所示。

（16）绘制紧身裤子部分。使用贝塞尔工具、形状工具，绘制紧身裤轮廓并填充 80% 黑色，效果如图 6-126 所示。

（17）绘制紧身裤螺纹部分。激活贝塞尔工具，如图 6-127 所示绘制右裤腿的两条线；然后激活交互式调和工具，做两条线之间的互式调和处理，效果如图 6-128 所示。

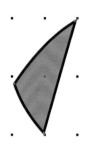

图 6-122

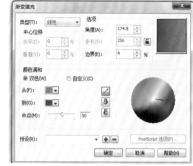

图 6-123

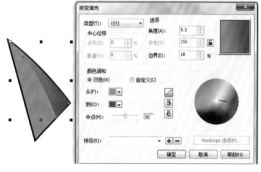

图 6-124

图 6-125

图 6-126

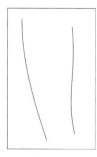

图 6-127

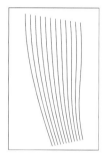

图 6-128

（18）激活形状工具，调整节点后效果如图 6-129 所示。使用同样的方法绘制左裤腿的两条线，如图 6-130 所示；激活交互式调和工具，做两条线之间的互式调和处理，效果如图 6-131 所示；调整节点后的效果如图 6-132 所示。

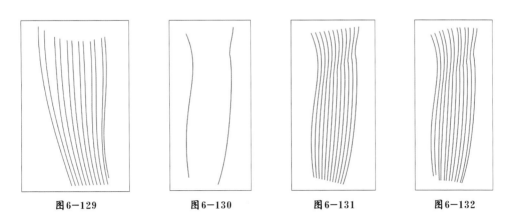

图 6-129　　　　　图 6-130　　　　　图 6-131　　　　　图 6-132

（19）绘制右裤袜暗部。使用贝塞尔工具、形状工具，绘制暗部轮廓，轮廓线设置为"无"激活渐变填充工具，其参数设置分别如图 6-133 至图 6-139 所示；调整各自位置后，激活交互式透明工具，其参数设置如图 6-140 所示。

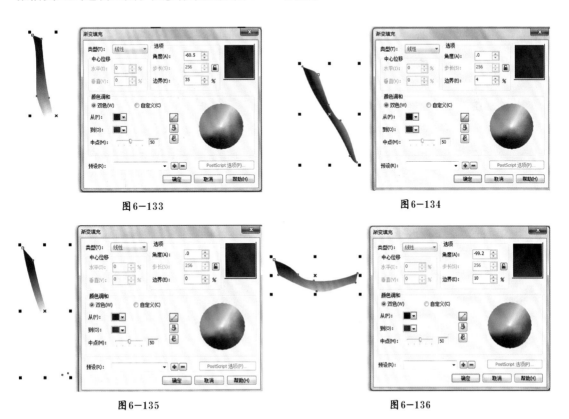

图 6-133　　　　　　　　　　　　　　　　　图 6-134

图 6-135　　　　　　　　　　　　　　　　　图 6-136

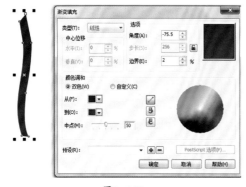

图 6-137

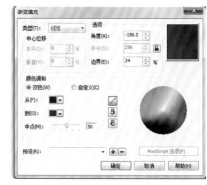

图 6-138

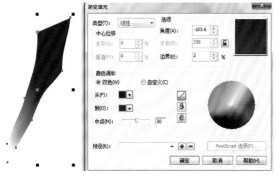

图 6-139

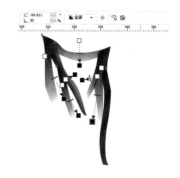

图 6-140

（20）绘制左裤袜暗部。使用贝塞尔工具、形状工具，绘制暗部轮廓，轮廓线设置为"无"，激活渐变填充工具，其参数设置分别如图 6-141 至图 6-145 所示；调整各自位置后激活交互式透明工具，其参数设置如图 6-146 所示；紧身袜的整体效果如图 6-147 所示。

（21）头部和鞋子。导入头部、鞋子图片。激活形状工具，调整节点，使轮廓线紧贴人物和鞋子的外轮廓，如图 6-148 和图 6-149 所示；调整头部和鞋子与人物的前后关系，此时整体效果如图 6-150 所示。

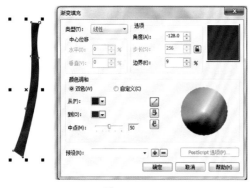

图 6-141

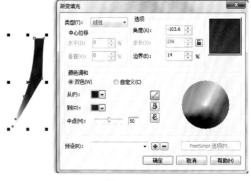

图 6-142

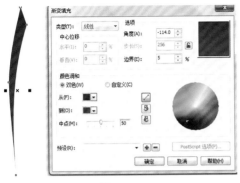

图6-143

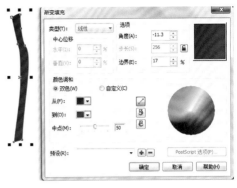

图6-144

图6-145

图6-146

图6-147

图6-148

图6-149

图6-150

（22）绘制文艺范镜框。使用矩形工具绘制如图 6-151 所示的圆角矩形；复制该圆角矩形并缩小，如图 6-152 所示，然后同时选择两个图形并单击属性栏上的"修剪"按钮即可；将修剪完的图形调整角度，激活渐变填充工具，设置如图 6-153 所示的相关参数并填充。

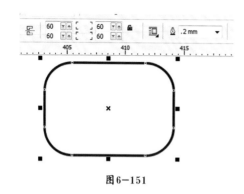

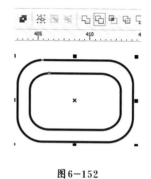

图6－151

图6－152

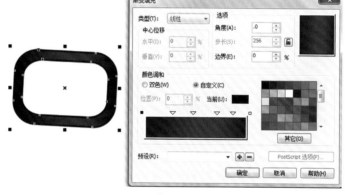

图6－153

（23）绘制眼镜腿部分。激活贝塞尔工具，绘制眼镜腿部分轮廓并填充渐变色，效果如图 6-154 所示，整体右半部分眼镜效果如图 6-155 所示；复制右半部分眼镜，然后单击属性栏上的"水平镜像翻转"按钮，调整眼镜的位置，效果如图 6-156 所示。

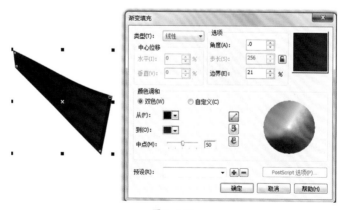

图6－154

图6−155

图6−156

（24）绘制眼镜鼻架。使用贝塞尔工具绘制眼镜鼻架，然后填充渐变色，效果如图6-157所示；整体眼镜架效果如图6-158所示，最终服装效果图如图6-93所示。

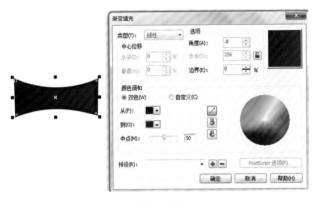

图6−157

图6−158

课后练习

1. 选取一张品牌时装发布会的图片，分别用 Photoshop/CorelDRAW 两个软件复原成时装效果图，采用对比手法完成效果图。

2. 临摹图 6-1 所示右边的系列服装效果图。

第七章 不同风格服装画的设计

　　服装画广泛用于服饰设计中，它让服装本身以及着装模特更具设计感，更能反映服装的风格与特征。优秀的服装画设计师能够娴熟地运用丰富的艺术风格把本身所具有的设计精髓与灵魂彻底地表现出来，因此服装画越来越得到业内人士的重视，且形式日益增多，风格迥异。风格多变的服装画对应了不同的服装面料、图案、颜色以及服饰配件等，当服装画的风格与成品服装的风格相协调时，便可达到满意的艺术效果。

7.1　写实风格的服装画设计

写实风格效果图的主要特点是人物动态、比例接近于正常人，不过分夸张人体比例，从服装到肤色、头部、配饰部分的刻画都比较细致。图 7-1 所示是利用 CorelDRAW 软件绘制的写实效果图。利用 CorelDRAW 软件绘制效果图时，首先要绘制完美的路径轮廓，其次是衣纹部分的处理应准确到位，能够流畅地表现服装的衣纹走向及图案的走向，力求准确地表达服装的整体穿着效果。下文将对图 7-1 效果图进行讲解。

操作步骤如下：

（1）新建文件，其参数设置如图 7-2 所示。

图7-1

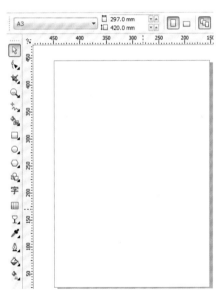

图7-2

（2）绘制前右衣片。执行"文件"/"导入"命令，在弹出的对话框中选择第四章中设计的爱心四方连续图案，调整其大小至适当的尺寸。分别使用贝塞尔工具和形状工具，绘制如图 7-3 所示的前右衣片路径，轮廓笔设置为黑色，宽度为 0.5 毫米。

（3）执行"效果"/"图框精确裁剪"/"放置在容器中"命令。将图案置于前右衣片路径轮廓中，效果如图 7-4 所示。

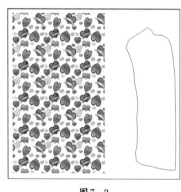
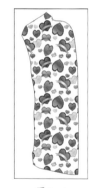

图7-3　　　　　　　　　　　图7-4

（4）绘制前左衣片。使用同样的方法导入爱心四方连续图案，绘制如图 7-5 所示的前左衣片路径，然后执行"放置在容器中"命令，效果如图 7-6 所示。

（5）绘制前右衣肩片。使用同样的方法导入爱心四方连续图案，分别调整其角度与大小至适当的位置与尺寸。使用贝塞尔工具和形状工具，绘制如图 7-7 所示的前右衣肩片路径，轮廓笔设置为黑色，宽度为 0.5 毫米。然后执行"放置在容器中"命令，效果如图 7-8 所示。

（6）绘制前左衣肩片。同绘制前右衣肩片一样，其过程及效果如图 7-9 和图 7-10 所示。

（7）绘制前右袖、前左袖。同步骤（5）一样，导入爱心四方连续图案，绘制前右、

图7-5　　　　　　　　　图7-6　　　　　　　　　图7-7

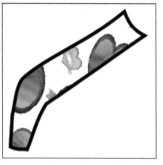

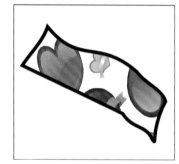

图7-8　　　　　　　　　图7-9　　　　　　　　　图7-10

左袖的路径，其过程及效果如图 7-11 至图 7-14 所示，局部效果如图 7-15 所示。

  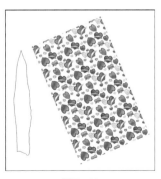 

图7-11   图7-12   图7-13   图7-14

（8）绘制前右、左领。使用同样的方法导入爱心四方连续图案，双击该图案，旋转其角度，调整大小至适当的尺寸。使用贝塞尔工具和形状工具绘制前右、左领的路径，轮廓笔设置为黑色，宽度为 0.5 毫米。然后执行"放置在容器中"命令，其过程及效果如图 7-16 至图 7-19 所示。

（9）绘制后领。使用同样的方法导入爱心四方连续图案，同步骤（8）一样，调整其角度与大小并绘制后领的路径，然后执行"放置在容器中"命令，将图案置于后领路径，其过程及效果如图 7-20 和图 7-21 所示。

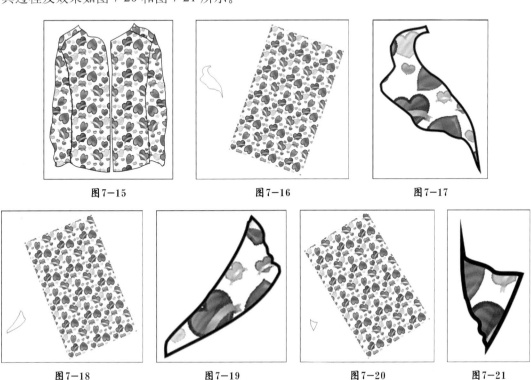

图7-15   图7-16   图7-17

图7-18   图7-19   图7-20   图7-21

（10）绘制袖口、下摆罗纹。使用贝塞尔工具和形状工具绘制袖口、下摆罗纹路径，轮廓笔设置为黑色，宽度为 0.5 毫米，设置填充颜色为 C93、M55、Y8、K0，效果如图 7-22 所示，整体效果如图 7-23 所示。

（11）绘制上衣内搭黄色恤局部。使用贝塞尔工具和形状工具绘制如图 7-24 所示的图形，并填充黄色。

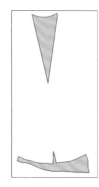

图7-22　　　　　　　　　　图7-23　　　　　　　　　图7-24

（12）绘制卫衣的帽带。使用贝塞尔工具和形状工具绘制卫衣轮廓，轮廓笔设置为黑色，宽度为 0.5 毫米，设置填充颜色为 C93、M55、Y8、K0，效果如图 7-25 所示；再绘制卫衣的蓝色拉链，拉链填充渐变色，其参数设置如图 7-26 所示，整体效果如图 7-27 所示。

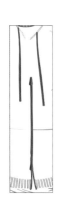
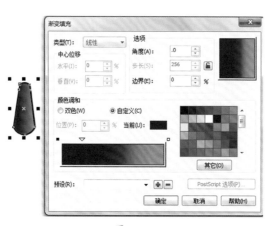

图7-25　　　　　　　　　　图7-26　　　　　　　　　图7-27

（13）绘制右、左裤腿。使用同样的方法导入爱心四方连续图案，调整其角度与大小。使用贝塞尔工具和形状工具绘制右、左裤腿的路径，轮廓笔设置为黑色，宽度为 0.5 毫米。然后执行"放置在容器中"命令，将图案置于裤腿路径，其过程及效果如图 7-28 至图 7-31 所示。

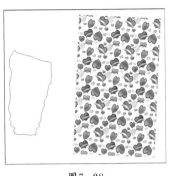
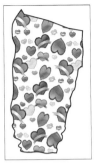
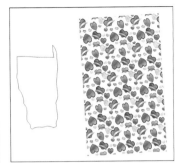
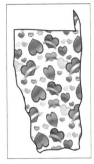

图7-28　　　　　　　图7-29　　　　　　　图7-30　　　　　　　图7-31

（14）绘制左、右裤口罗纹部分。使用贝塞尔工具和形状工具绘制裤口罗纹路径，轮廓笔设置为黑色，宽度为0.5毫米，设置填充颜色为C93、M55、Y8、K0，效果如图7-32所示。

图7-32

（15）绘制罗纹部分。分别使用贝塞尔工具、形状工具和调和工具，绘制整体服装的罗纹路径，轮廓笔设置黑色，线粗细设置为发丝，效果如图7-33所示。

（16）为了使服装具有立体感，要根据人体的结构绘制衣纹。首先绘制衣纹的暗部，使用贝塞尔工具和形状工具绘制衣纹形状，然后激活渐变填充工具，填充效果如图7-34所示；为了让衣纹更好地融入服装中，完成渐变填充后，再执行透明设置，效果如图7-35所示；勾画衣纹线，如图7-36所示；整体效果如图7-37所示。

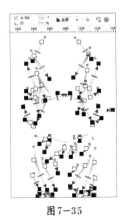

图7-33　　　　　　　图7-34　　　　　　　图7-35　　　　　　　图7-36　　　　　　　图7-37

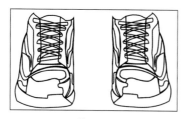

(17) 绘制鞋子。使用贝塞尔工具绘制如图 7-38 所示的路径。根据设计需要依次填充颜色：蓝色（C95、M64、Y6、K0）；橘黄色（C1、M66、Y94、K0）；浅绿色（C33、M5、Y91、K0）。效果如图 7-39 所示。

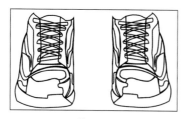
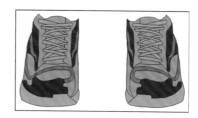

图7-38　　　　　　　　　　　　　　图7-39

(18) 导入一个如图 7-40 所示写实的头部效果图。单击鼠标右键，将头像置于页面后面，使用贝塞尔工具勾画帽子的轮廓，效果如图 7-41 所示。

(19) 绘制眼镜。使用椭圆形工具绘制眼镜轮廓，设置轮廓笔颜色为 C0、M60、Y100、K0，宽度为 0.75 毫米，然后激活渐变填充工具，设置如图 7-42、图 7-43 所示的渐变参数，效果如图 7-44 所示。

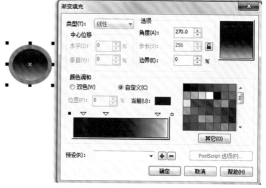

图7-40　　　　　　　图7-41　　　　　　　　　　　图7-42

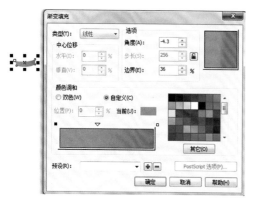

图7-43　　　　　　　　　　　　　　图7-44

（20）绘制手部、腿部皮肤及暗部。在图 7-34 中可以看出手部与腿部效果并不完善，因此需要增加暗部及皮肤效果。使用贝塞尔工具和形状工具，绘制手部、腿部皮肤部分的路径，皮肤填充颜色为 C0、M23、Y27、K0，轮廓笔颜色为黑色，宽度设置为 0.2 毫米，暗部填充颜色为 C15、M37、Y35、K0，设置无轮廓，效果如图 7-45 和图 7-46 所示；最终的写实风格效果图如图 7-1 所示。

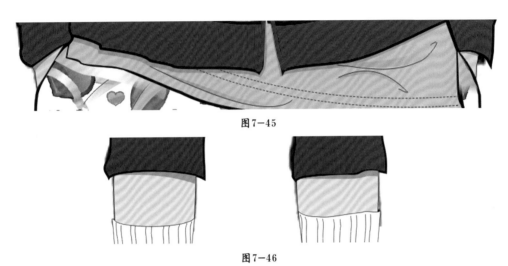

图 7-45

图 7-46

7.2　装饰风格的服装画设计

装饰风格能够准确地表达服装设计构思的主题。运用夸张、变形、渲染等手法，将设计作品按照一定的装饰美感形式表现出来，便是装饰风格的服装画。装饰风格服装画适合表现装饰味浓郁以及细节特征明显的服装，如格子、条纹、色彩对比强烈的图案等，都是装饰风格惯于采用的形式。装饰风格的服装画本身也具有很强的装饰性。下文将对图 7-47 所示的效果图进行讲解。

操作步骤如下：

图 7-47

图7-48

（1）新建文件，其参数设置如图 7-48 所示。

（2）新建图层并命名为"椭圆"。使用钢笔路径工具绘制一个近似椭圆的路径，单击鼠标右键，执行"描边路径"命令，设置画笔的笔触为硬笔笔触、笔触大小为 200 像素，效果如图 7-49 所示。

（3）新建图层并命名为"人体 1"。使用钢笔路径工具绘制如图 7-50 所示人体轮廓的路径，单击鼠标右键，将路径转化为选区，执行"编辑"／"填充"命令，设置填充色为 R19、G48、B86，效果如图 7-51 所示。

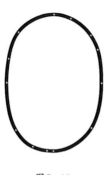

图7-49

图7-50

图7-51

（4）新建图层并命名为"人体左腿"。使用钢笔路径工具绘制如图 7-52 所示左腿轮廓的路径，同步骤（3）一样，设置填充色为 R19、G48、B86，效果如图 7-53 所示。新建图层并命名为"人体右腿"，采用同样方法，完成如图 7-54、图 7-55 所示的效果。此时的效果如图 7-56 所示。

（5）在"人体 1"图层下新建图层并命名为"头发层 1"。使用钢笔路径工具绘制如图 7-57 所示的路径；单击鼠标右键，将路径转换为选区，填充黑色，效果如图 7-58 所示；新建图层并命名为"头发层 2"，采用同样方法，完成如图 7-59、图 7-60 所示的效果。

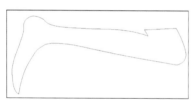

图7-52

图7-53

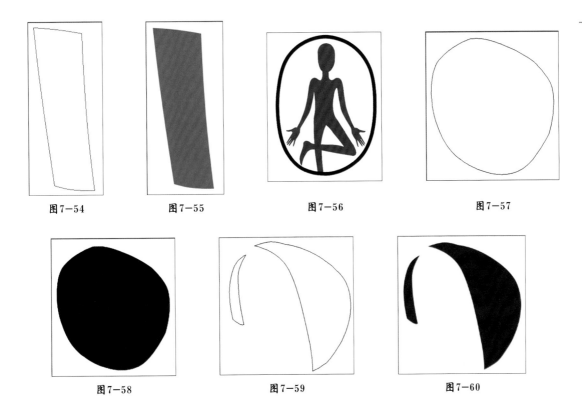

图7—54　　　　　图7—55　　　　　图7—56　　　　　图7—57

图7—58　　　　　　　图7—59　　　　　　　图7—60

（6）在头发层上新建图层并命名为"帽子"。使用钢笔路径工具绘制如图 7-61 所示帽子轮廓的路径，将路径转化为选区后填充白色，效果如图 7-62 所示；新建图层并命名为"帽子层 1"，使用同样的方法，完成如图 7-63、图 7-64 所示效果 (填充色为大红色)。

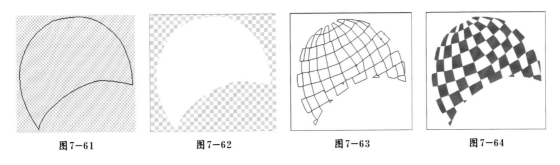

图7—61　　　　　　图7—62　　　　　　图7—63　　　　　　图7—64

（7）新建图层并命名为"衣服"。使用钢笔路径工具绘制如图 7-65 所示的路径并填充白色，效果如图 7-66 所示 (为了便于显示，采用 80% 灰色背景)。此时人体效果如图 7-67 所示。

（8）新建图层，绘制如图 7-68 所示的乌贼纹样路径。单击鼠标右键执行"描边路径"命令，设置描边颜色为 R150、G145、B121，宽度为 6 像素。激活矩形选框工具，框选所

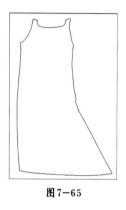
图7-65

图7-66

图7-67

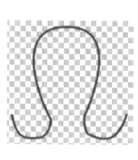
图7-68

画图形，执行"编辑"/"定义图案"命令，将其定义为填充图案，然后关闭该图层。

（9）复制衣服图层并命名为"衣服1"。按住 Ctrl 键，单击"衣服1"缩略图载入选区，单击路径右上角中的倒三角按钮，选择"建立工作路径"选项，效果如图7-69 所示；调整领袖部分路径，将其下移，单击鼠标右键执行"填充路径"命令，在弹出的对话框中选择刚刚定义的图案，效果如图7-70 所示。

（10）新建图层并命名为"衣服3"。使用钢笔路径工具绘制如图7-71 所示的路径，单击鼠标右键，将其转化为选区后填充红色，效果如图7-72 所示。

图7-69

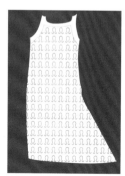
图7-70

图7-71

图7-72

（11）新建图层并命名为"右眼睛"。使用钢笔路径工具绘制右眼睛路径轮廓并描边，画笔粗细设置为60 像素，使用同样的方法绘制上眼皮路径，效果如图7-73 所示（蓝色背景是为了突出对象，完成后可删除，下同）；单击鼠标右键，将其转为选区，激活渐变填充工具，设置如图7-74 所示渐变参数，效果如图7-75 所示；复制右眼睛

图7-73

图层，命名为"左眼睛"，执行"编辑"/"变换"/"水平翻转"命令，将其移动到合适位置，双眼效果如图 7-76 所示。

（12）新建图层并命名为"嘴唇"。使用同样的方法绘制如图 7-77 所示的嘴唇路径，将其转换为选区后填充红色，效果如图 7-78 所示。此时，服装效果图基本完成，效果如图 7-79 所示。

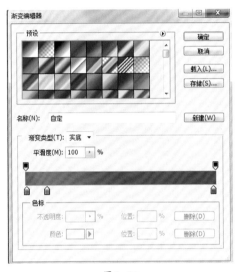

图 7-75

图 7-74

图 7-76

图 7-77

图 7-78

图 7-79

（13）为了更好地表现效果，新建图层并命名为"装饰"。使用同样的方法绘制如图 7-80 所示的装饰路径，根据需要可设置不同的颜色，然后依次填充路径，效果如图 7-81 所示。

（14）新建图层并分别命名为"装饰 2""装饰 3""装饰 4"。同步骤（12）一样，完成图 7-82 至图 7-86 所示的效果。最终效果如图 7-47 所示。

图7-80

图7-81

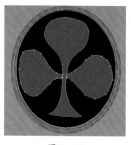
图7-82

图7-83

图7-84

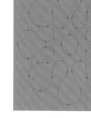
图7-85

图7-86

7.3　插画风格的服装画设计

时装插画是游离在服装设计与非服装设计间隙中的另一种对服装的即兴描绘形式，它会提高服装的吸引力。设计师本身就是很好的插画设计师，橱窗里摆放的琳琅满目的奢

图7-87

侈品的前身，也许就是设计师画面上的造型与线条。插画风格的服装画较随意，可繁可简，也许只有寥寥数笔，随手涂鸦，传达设计意图和灵感却最精准，也最能表达出设计的精髓。下文将对图7-87所示的时装插画效果图进行讲解。

操作步骤如下：

（1）新建一个A4幅面的文件。使用贝塞尔工具绘制如图7-88所示的曲线路径。

（2）再使用贝塞尔工具绘制如图7-89所示封闭曲线路径，然后填充黑色，其组合效果如图7-90所示。

（3）使用贝塞尔工具绘制如图 7-91 所示的眼睛封闭轮廓，并填充黑色。使用同样的方法绘制紫色眼影轮廓，然后激活渐变填充工具，设置如图 7-92 所示的参数并填充颜色。调整眼影与眼睛的上下关系，此时眼睛整体效果如图 7-93 所示。

（4）绘制金色菱形装饰。使用贝塞尔工具绘制菱形轮廓路径，设置如图 7-94 所示的

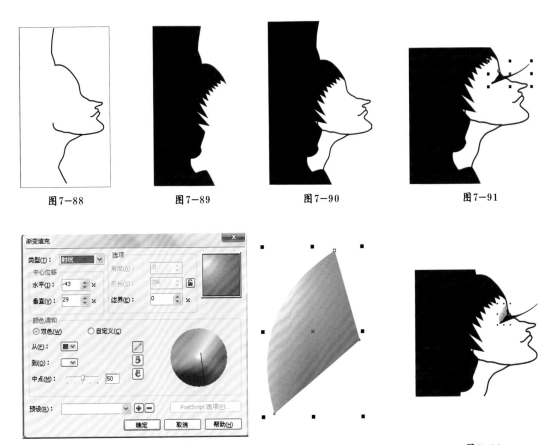

图7-88　　　　　图7-89　　　　　图7-90　　　　　图7-91

图7-92　　　　　　　　　　　　　　图7-93

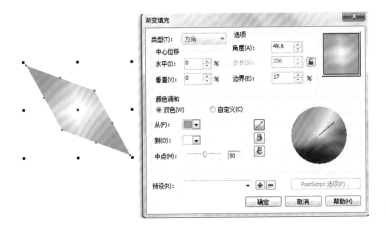

图7-94

渐变填充。复制多个，排列成如图 7-95 所示的效果；将重新排列后的图形群组后再复制，排列成如图 7-96 所示的效果。此时头饰的效果如图 7-97 所示。

图7-95

图7-96

图7-97

（5）绘制金色羽毛装饰。使用贝塞尔工具绘制羽毛轮廓路径，设置如图 7-98 所示的渐变填充。执行"位图"/"转换为位图"命令，将羽毛转换为位图，激活形状工具，将其变形为如图 7-99 所示的效果。金色羽毛装饰效果如图 7-100 所示。

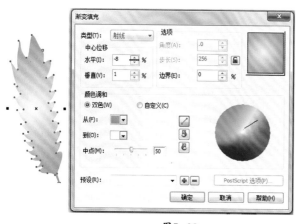

图7-98

图7-99

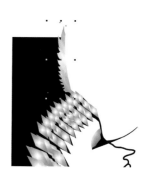

图7-100

（6）绘制嘴唇字母。激活贝塞尔形状工具，绘制如图 7-101 所示的嘴唇路径；激活文本工具，将鼠标指向路径当其变成插入符时单击，输入如图 7-102 所示的字符。

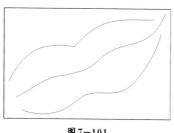

图7-101

图7-102

（7）激活选择工具。选择字符，单击鼠标右键，在弹出的菜单中选择"转化为曲线"选项，删除路径，效果如图 7-103 所示。

（8）绘制紫色线、黑色装饰。使用贝塞尔形状工具绘制紫色、黑色路径，注意设置线的粗细，效果如图 7-104 所示。最终完成的插画风格时装画如图 7-87 所示。

图 7—103

图 7—104

7.4　写意风格的时装画设计

写意风格的效果图追求大写意效果，用笔简洁，虽寥寥数笔却能勾勒出服装、人物动态，并且传达信息准确、传神。一些著名的品牌服装设计师善于绘制写意风格的服装效果图，这种风格的效果图既可传达设计师的设计构想，又可恰当地表现服装的动态展示效果，尤其在每年的时装发布会上，设计师多采用此种形式的时装画。图 7-105、图 7-106 所示为写意风格的时装画。

图 7—105

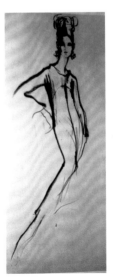

图 7—106

7.5　卡通风格的时装画设计

　　卡通作为一种艺术形式最早起源于欧洲。卡通一词来源于CARTOON，卡通风格服装画的特点也是根据卡通风格演变过来的，绘制时常采用平涂、勾线的手法，造型概括而简练。20世纪80、90年代从事服装设计的设计者，受动画片的影响，为迎合年轻消费者的心理需求，在绘制服装产品效果图时，多绘制卡通风格时装图。图7-107所示为卡通风格的时装画。

图7-107

课后练习

　　请参照图7-107绘制两幅卡通风格的时装画。